JN102024

EXAM PRESS マイクロソフト認定資格学習書

Microsoft

Security, Compliance, and Identity

Fundamentals

SE
SHOEISHA

試験番号 **SC-900**

エディフィストラーニング(株)
甲田章子、田島静

はじめに

この度は、本書をお手に取っていただき誠にありがとうございます。

SC-900試験はMicrosoft 365とAzureのセキュリティ、コンプライアンス、IDに特化した内容が出題されるということで、その試験範囲の広さが特徴的です。

セキュリティは、「難しい」と思われている方もいらっしゃるかもしれませんが、本書を読むことで、Microsoftクラウドのセキュリティやコンプライアンスに対して、「興味が持てた！」「面白い！」と思っていただけると幸いです。

本書を使用して楽しみながら学習していただき、試験にも合格されることを心よりお祈りしております。

エディフィストラーニング株式会社　甲田 章子

この書籍を執筆するにあたり、「この試験は基礎編という位置づけながら、さまざまなサービス、機能が登場するので、初めて勉強する方にもわかりやすいように用語解説も含めて可能な限り丁寧に書こう」と話し合って書き上げました。ヒントや図をたくさん載せたため、非常にわかりやすく仕上がったのではないかと思います。また模擬問題を繰り返し解き、解説文を読みながら復習をすることで最大限の効果を得られると思います。

最後になりましたが、タイトなスケジュールの中、多大なるサポートをいただきました翔泳社の皆様にお礼を申し上げます。

エディフィストラーニング株式会社　田島 静

CONTENTS

MCPの概要について

◆MCP（Microsoft Certifications Program）とは

　MCP（Microsoft Certifications Program）は、Microsoftが実施する認定資格のことで、Microsoftが提供するさまざまな製品について、知識や経験があるかを問うものです。

　試験に合格することで、製品に対する深い知識があることを証明したり、資格の称号を得ることができます。このプログラムは、グローバルで実施しているものであるため、認定資格の取得はさまざまな国でアピールすることができます。

◆試験と資格

　MCP試験は、多くの科目が用意されています。1つの試験に合格することで、1つの資格に認定されるものもあれば、複数の試験に合格しないと認定されない資格もあります。

　そのため、取得したい資格の称号を得るために、どのような試験を受ければよいのかをMicrosoftのホームページで確認する必要があります。

　参照：Microsoftの認定資格
　https://learn.microsoft.com/ja-jp/certifications/

◆試験のレベル

　MCP試験は、次の3つのレベルがあります。

● 初級（Fundamentals）
　特定の製品やサービスについて幅広く知識を問う試験です。
　これから製品について学びたい技術者や営業担当者、新入社員など多くの方に適した試験です。本書で扱っているFundamentals資格は、初級に位置付けられます。

● 中級（Associate・Specialty）
　特定の製品やサービスについて、専門知識を問う試験です。
　既に、該当の製品やサービスについて運用経験のある技術者が、スキルを証明するために適した試験です。また、特定の資格の称号得るための必須科目となる場合もあります。

- 上級（Expert）

  特定の製品やサービスについて、エキスパートレベルの運用経験や知識を持つ技術者向けの試験です。設計や構築、運用、管理など幅広い内容が深く問われます。

◆Fundamentals資格について

　合格することで、「Fundamentals」の称号を受けることができる試験があります。主に、次のようなものです（一例）。

AZ-900：Microsoft Azureの基礎
MS-900：Microsoft 365基礎
SC-900：Microsoftセキュリティ、コンプライアンス、IDの基礎
AI-900：Microsoft Azure AI Fundamentals
DP-900：Microsoft Azureのデータの基礎
PL-900：Microsoft Power Platform基礎

　例えば、AZ-900：Microsoft Azureの基礎に合格すると、Microsoft Certified：Azure Fundamentalsの資格の称号を得ることができます。

　これから、Microsoftの製品について学びたい方は、まずはFundamentalsの称号を取得することを目指し、その後、中級、上級の資格にチャレンジするのが良いでしょう。

試験の申込について

◆試験の申込方法
試験は、次の手順で申し込みます。

> Step1：MSA（Microsoftアカウント）の取得

> Step2：Microsoftの試験ページから試験の申し込み

> Step3：Pearson VUEのページで試験会場や試験日時を決定

- Step1：MSA（Microsoftアカウント）の取得
  MCP試験を申し込むためには、Microsoftアカウントの取得が必須です。
  Microsoftアカウントに試験の結果や受験履歴などが保存されます。
  Microsoftアカウントの作成は、以下のページから行うことができます。

  Microsoftアカウントの作成
  https://account.microsoft.com/account?lang=ja-jp

- Step2：Microsoftの試験ページから試験の申し込み
  Microsoftが提供する試験ページにアクセスします。
  たとえば、MS-900の場合は次のページです。

  試験MS-900：Microsoft 365基礎
  https://learn.microsoft.com/ja-jp/certifications/exams/ms-900/

  上記のページにアクセスすると、［試験のスケジュール設定］セクションに
  ［Pearson VUE］でスケジュールというボタンが表示されるためクリックします。
  Microsoftアカウントでのサインインを求められるため、Step1で作成した
  Microsoftアカウントの資格情報を入力してサインインします。
  認定資格プロファイルの情報が表示されるため、間違いがないことを確認し、
  Pearson VUEのサイトに移動します。

- Step3：Pearson VUEのページで試験会場や試験日時を決定
  Pearson VUEのサイトで、試験会場で受験するか、オンラインで受験するか
  などの指定を行います。また試験の日時などを決定し、支払い方法の指定な
  どを行います。

SC-900について

◆概要

　SC-900の試験は、「Microsoft Security, Compliance, and Identity Fundamentals」の資格を取得するためのものです。クラウドおよびセキュリティの一般的な知識に加え、Microsoft Entra IDの役割や機能、Microsoft AzureおよびMicrosoft 365のセキュリティおよびコンプライアンス機能など、幅広い内容を問われるのが特徴です。

　その他の試験に関する概要は、以下の通りです。

●SC-900試験の概要

受験資格	なし
試験日程	随時
試験時間	45分（着席時間は65分）
受験場所	全国のテストセンターもしくはオンライン受験
問題形式	・択一問題　・並び替え問題 ・ドラッグアンドドロップ　・プルダウン問題　・複数選択問題
合格スコア	700以上（最大1000）
受験料	12,500円（税別）※Pearson VUEの場合

◆試験範囲

　出題範囲と、それぞれの分野が占める割合は以下の通りです（2023年11月3日時点）。

●出題範囲と点数の割合

出題範囲	点数の割合
セキュリティ、コンプライアンス、ID の概念について説明する	10 - 15%
Microsoft Entra IDの機能とIDの種類について説明する	25 - 30%
Microsoft セキュリティ ソリューションの機能について説明する	35 - 40%
Microsoft コンプライアンス ソリューションの機能について説明する	20 - 25%

　なお、最新の出題範囲や比重は変更される可能性がありますので、詳しくは公式ページの以下のURLをご参照ください。

● 「試験 SC-900: Microsoft Security, Compliance, and Identity Fundamentals の学習ガイド」

https://learn.microsoft.com/ja-jp/certifications/resources/study-guides/SC-900

本書の使い方

　本書は、「Microsoft Security, Compliance, and Identity Fundamentals試験（SC-900）」を受験し、合格したいと考えられている方のための学習書です。本書の執筆においては、2023年11月のスクリーンキャプチャを用いています。本書に記載の解説・画面などは、この環境で作成しています。

● 理解度チェック
　各章の扉にその章で学習する項目の一覧とチェックボックスを用意しています。受験の直前などに、ご自身の理解度のチェックをする際に便利です。

● 第1章～第6章
　合格のために習得すべき項目を、出題範囲に則って第1章から第6章に分けて解説しています。

　試験で正答するために必要となる重要な事項を紹介します。本文で言及していない内容が含まれる場合がありますので、必ず目を通してください。

　間違えやすい事項など、注意すべきポイントを示しています。

　関連する情報や詳細な情報が記載されている参照先やURLなどを示します。

　試験で正解にたどり着くために知っておくと便利な事項や参考情報を示します。

● 操作手順

操作の方法等は、画面を追って順に解説します。実際に手を動かしながら学習する際の参考になります。また、実機がない環境での学習の手助けにもなります。

● コマンド、改行

紙面の都合上、コマンドなどを改行する場合は、改行マーク（⇒）を挿入しています。

● 練習問題

各章末には、学習の到達度を試すための練習問題が用意されています。復習べき箇所は 📝 参照 のように記載してあります。

● 模擬問題（1回分巻末、1回分はWeb提供）

本書の巻末に1回分、ダウンロード特典として、1回分の模擬問題が用意されています。問題の後に簡潔な解説がありますが、よくわからなかった箇所は本文に戻って復習しておくとよいでしょう。復習すべき箇所は 📝 参照 のように記載してあります。

● ボーナス問題（Web提供）

ダウンロード特典として、新しい出題傾向に沿ったボーナス問題が用意されています。

また、本試験の受験までに、各章の練習問題とWeb提供の模擬問題とボーナス問題のすべての問題を解けるようにしておくことをお勧めします。

読者特典ダウンロードのご案内

　本書の読者特典として、「模擬問題」、「最新の試験情報」および「ボーナス問題」を提供いたします。

● 最新の試験情報

　Microsoft Security, Compliance, and Identity Fundamentals（SC-900）は、対象がクラウドにおけるサービスであるため、試験の内容は不定期に更新されます。刊行後に大きな改訂や変更が行われた場合は、「最新の試験情報」としてPDFファイルで提供する予定です。

● 模擬問題

　試験1回分の模擬問題のPDFファイルを提供いたします。

● ボーナス問題

　刊行後に大きな改訂や出題傾向の変更があった場合には、問題を追加する予定です。

提供サイト：https://www.shoeisha.co.jp/book/present/9784798182421

アクセスキー：本書のいずれかのページに記載されています（Webサイト参照）

※ダウンロードファイルの提供開始は2024年1月中旬頃の予定です。
※ファイルのダウンロードには、SHOEISHA iD（翔泳社が運営する無料の会員制度）への会員登録が必要です。詳しくは、Webサイトをご覧ください。
※ダウンロードしたデータを許可なく配布したり、Webサイトに転載することはできません。
※ダウンロードファイルの提供は、本書の出版後一定期間を経た後に予告なく終了することがあります。

第 1 章

セキュリティ、コンプライアンス、アイデンティティの概念を説明する

本章では、クラウドサービスにおける共同責任モデルや、セキュリティ、暗号化、コンプライアンスなどの基本的な概念について説明します。ここで学習した内容は、2章以降の内容の基礎となります。しっかり概念を理解するようにしてください。

理解度チェック

- [ ] IaaS
- [ ] PaaS
- [ ] SaaS
- [ ] オンプレミス
- [ ] クラウド
- [ ] 共同責任モデル
- [ ] ハイパーバイザー
- [ ] エンドポイント
- [ ] アカウント
- [ ] 多層防御(Defense-in-Depth)
- [ ] ゼロトラストセキュリティ

- [ ] 明示的な確認
- [ ] 最小特権アクセス
- [ ] 侵害を想定
- [ ] 暗号化
- [ ] 共通鍵暗号化
- [ ] 公開鍵暗号化
- [ ] 電子署名
- [ ] ハッシュ
- [ ] ダイジェスト
- [ ] BitLocker

1.1　クラウドサービスの共同責任モデル

　クラウドサービスは、インターネットに接続されている環境であれば、いつでも、どこでも利用することができます。

　非常に利便性の高いサービスではありますが、利用者側にも責任が生じます。ここでは、クラウドサービスの共同責任モデルについて紹介します。

1.1.1　クラウドコンピューティングとサービスモデル

　クラウドコンピューティングは、マイクロソフトのようなクラウドサービス事業者が構築したサービスにインターネット経由で接続し、利用するというものです。料金は、月額や年額で固定されているものもあれば、使用した分だけ支払う従量課金制のものもあります。マイクロソフトの代表的なクラウドサービスには、次のようなものがあります。

- ● Microsoft Azure
  IaaS、PaaSに分類される各種サービスを提供します。
- ● Microsoft 365
  SaaSに分類される各種サービスを提供します。

　IaaS、PaaS、SaaSは、クラウドコンピューティングにおける「サービスモデル」と呼ばれるもので、クラウドサービス事業者が、「何を貸してくれるか」によって、その名前が異なります。

- ・IaaS：Infrastructure as a Service
- ・PaaS：Platform as a Service
- ・SaaS：Software as a Service

　IaaSは「インフラ」、PaaSは「プラットフォーム」、SaaSは「ソフトウェア」をクラウドサービス事業者が貸してくれます。では、各モデルの特徴を確認します。

■ IaaS
　IaaSでは、クラウドサービス事業者が所有するネットワークやサーバー、スト

レージなどのハードウェア（インフラ）を借りることができます。IaaSに分類されるクラウドサービスを契約したユーザー企業は、これらの環境上に仮想マシンを作成し、任意のOSやミドルウェア、アプリなどを実行します。このように、構成の自由度が高いのがIaaSの特徴です。

HINT 仮想マシンとは

仮想化ソフトウェアによってサーバー上に作成されたマシン（コンピューター）のことで、仮想マシンには物理サーバーと同じように、さまざまなOS、アプリケーションをインストールすることができます。たとえば、仮想マシンを用いてWebサーバーを構築した場合、ユーザーは物理サーバーで構築されているWebサーバーなのか、仮想マシン上に構築されているWebサーバーなのかを意識することなく、Webサーバーにアクセスします。

HINT ミドルウェア

ミドルウェアとは、OSとアプリの間に存在するアプリケーションで、Webサーバー、データベース管理サーバーなどが該当します。
たとえば、ユーザーがブラウザーを使用してWebページを表示する際、指定したWebページを表示するのがWebサーバーです。

■ PaaS

PaaSは、アプリの実行環境（プラットフォーム）をクラウド事業者が用意してくれるサービスです。社内でWebアプリを開発した場合、それを利用できるようにするためには、サーバーハードウェアやOSのライセンスを購入し、サーバーを設置して、OSやミドルウェア、Webアプリなどのインストールや設定を行います。そして、アプリを導入した後は、アプリを実行するサーバーのバックアップやセキュリティ対策、障害対策、パフォーマンスチューニングなどのさまざまなメンテナンスタスクが生じます。PaaSは、これらの導入や日々の面倒なメンテナンス作業をクラウドサービス事業者に任せてしまうことができるサービスです。

具体的には、OSおよびミドルウェアがインストールされている仮想マシンをクラウドサービス事業者から借ります。そして、そこに自社で開発したWebアプリやアプリのデータを配置するだけでアプリがすぐに利用できます。このように少ない労力で、アプリを導入、運用することができるサービスがPaaSです。

■ SaaS

SaaSはクラウドサービス事業者が構築したアプリ（ソフトウェア）を貸してもらうことができるサービスです。

ストレージ、電子メール、コラボレーションなどのさまざまなサービスがすぐに利用できるようになっているため、簡単な設定（IDの登録、ライセンスの割り当て、アクセス許可の付与など）を行うだけで、契約したその日から、すぐに電子メールサービスやコラボレーションサービスを利用できます。

ここが
ポイント

IaaS、PaaS、SaaSの特徴を覚えておきましょう。

1.1.2 共同責任モデル

組織や会社のユーザーにITシステムを利用してもらう場合、次のようなパターンが考えられます。

● **オンプレミス**

必要なITシステムを自社で構築します。

● **クラウド**

クラウドサービス事業者が提供するサービスを利用します。

HINT　ハイブリッド環境について

現在、多くの企業では、オンプレミスとクラウドのどちらかのみを使用しているわけではなく、両方を使用する企業が多いです。
このことを「ハイブリッドクラウド」や「ハイブリッド環境」などと呼びます。
ハイブリッド環境については後述します。

オンプレミスの場合、サーバーハードウェアおよびソフトウェアの導入、また導入後の設定や運用、日々のメンテナンスなど、すべての責任は導入した組織や企業が負うことになります。それに対して、クラウドサービスの場合は、クラウ

ドサービス事業者と契約をしたユーザー企業のどちらにも責任が生じます。この
ことを、「共同責任モデル」や「共有責任モデル」などといいます。クラウドサー
ビス事業者やユーザー企業がどこまで責任を負うのかは、クラウドサービスモデ
ルによって異なります。次の図は、モデルごとの責任範囲を表した図です。

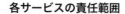

各サービスの責任範囲

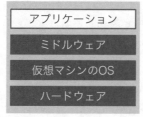

■ クラウドサービス事業者の責任範囲　　□ ユーザー企業の責任範囲

図1.1：クラウドサービスモデルの責任範囲

　このようにサービスモデルによって、責任範囲が異なることが分かります。
　IaaSの場合は、サーバーハードウェアが配置されている建物、サーバー、ネッ
トワーク、ハイパーバイザーなどの要素をクラウドサービス事業者が管理する必
要があり、責任が生じます。

HINT　ハイパーバイザー

IaaSやPaaSでは、クラウドサービス事業者が仮想マシンを提供します。
これらの仮想マシンの作成、削除、制御、管理などを行うためのプログラムが、「ハイパー
バイザー」です。マイクロソフトが提供するハイパーバイザーはHyper-Vで、Windows
10/11 Pro以上のエディションおよびWindows Serverで利用できます。Hyper-Vをイン
ストールすることで、仮想マシンの作成や実行などが行えるようになります。

ここが
ポイント

IaaSにおいては、クラウドサービス事業者は、建物、ネットワークおよびサーバーハード
ウェア、ハイパーバイザーなどの要素を管理する必要があり、責任が生じます。

> マイクロソフトのクラウドサービスにおいて、物理ハードウェアは、マイクロソフトが単独で責任を負います。

　PaaSにおいては、クラウドサービス事業者がIaaSで管理する範囲に加え、仮想マシンにインストールされているOSやミドルウェアなどを管理する責任があります。そして、SaaSにおいては、クラウドサービス事業者がIaaS、SaaSで管理する範囲に加え、アプリも管理する必要があります。

> SaaSにおいては、アプリやOSの更新プログラムの適用の責任は、クラウドサービス事業者が持ちます。

　さて、ここまでクラウドサービスモデルごとの責任範囲を確認してきましたが、どのクラウドサービスモデルを利用していても、必ずユーザー企業が責任を持たなければならないものがあります。それが以下の4つです。

● データ
　ユーザーが作成し、クラウドサービスに保存したドキュメントや電子メールなどを指します。

● エンドポイント
　ユーザーが利用する業務端末（デスクトップPCやノートPCやタブレットなどのデバイス）を指します。

● アカウント（ID）
　クラウドサービスにアクセスする際に必要となるアカウント（ユーザーID）を指します。

● アクセス管理
　ライセンスの割り当てやアクセス許可の付与など、サービスのアクセスを制御する設定を指します。

データおよびデータのセキュリティ対策については、ユーザー企業（顧客）が責任を負います。

クラウドサービスにおいては、どのモデルでもユーザーID（アカウント）の登録や管理は、ユーザー企業（顧客）が責任を負います。

1.2 セキュリティの概念

ここでは、セキュリティを学ぶ上で重要な次の2つの概念について紹介します。

・多層防御（Defense-in-Depth）
・ゼロトラストセキュリティ

これらの2つの用語について解説する前に、最初にサイバー攻撃の1つの例を紹介します。

日本で最も多いサイバー攻撃の1つに、「標的型攻撃」があります。

HINT 情報セキュリティ10大脅威

IPA（情報処理推進機構）が発表する「情報セキュリティ10大脅威2023」では、2022年、組織において最も多かった攻撃をランキング形式で10位まで発表しています。標的型攻撃は第3位に入っています（前年度は2位）。

参考：「情報セキュリティ10大脅威2023」
　　　https://www.ipa.go.jp/security/10threats/10threats2023.html

標的型攻撃は、その名の通り特定の組織や会社をターゲットとした攻撃で、次のようなプロセスで行われます。

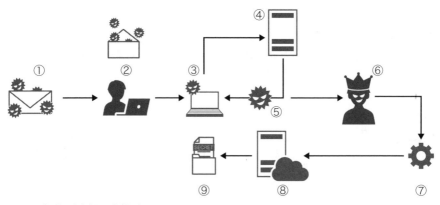

図1.2：標的型攻撃の攻撃プロセス

① 攻撃者のメールを受信します。

② ユーザーが攻撃者のメールを開き、添付ファイルを実行します。

③ デバイスがマルウェアに感染します。これをきっかけに攻略行為が開始されます。

④ バックグラウンドで、ユーザーのデバイスが攻撃者のサーバーと通信し始め、攻撃者がユーザーのデバイスを遠隔操作します。

⑤ ユーザーのデバイスに、さらに追加のマルウェアをインストールします。

⑥ 攻撃者が管理者権限を持つユーザーの資格情報を奪取します。

⑦ 管理者権限を使用して、デバイスやクラウド、サーバーなどの設定を変更します。たとえば、セキュリティ設定を緩和して、外部から自由にアクセスできる設定などに変更します。

⑧ サーバーやクラウド、ユーザーのデバイスなどを移動しながら、機密情報が保存されている場所を探します。

⑨ 機密情報にアクセスし、ファイルを窃取します。

これは、あくまで一例ですが、以上のようなプロセスで標的型攻撃は行われます。

1.2.1 多層防御（Defense-in-Depth）

ここから、最初に挙げた用語の1つ目である「多層防御」について紹介します。

前述した標的型攻撃から防御するためには何をすればいいでしょうか。考えられるものは複数ありますが、たとえば以下のような対策があります。

・デバイスにウイルス対策ソフトをインストールする
・サインインのセキュリティを強化する
・メールサーバーで、電子メールの送信元アドレスやドメインの確認を行い疑わしいものは配信しない
・データの暗号化を行う
・ファイルサーバーやクラウドストレージのアクセス許可の設定を適切に行う

　このうち、セキュリティ対策として、デバイスにウイルス対策ソフトのみをインストールしただけだったらどうでしょうか。

　マルウェアというのは亜種が簡単に作成できたり、新しいウイルスがすぐに出てきたりするため、ウイルス対策ソフトのチェックをすり抜けてしまうことは珍しくありません。つまり簡単に突破されてしまう可能性があります。

　そして、ウイルス対策ソフト以外に対策を行っていなければ、いわばノーガードの状態になってしまい、攻撃者のやりたい放題になってしまいます。そのため、最初の関門を突破されても、次の関門で通さないようにするといった複数の対策を行う必要があります。

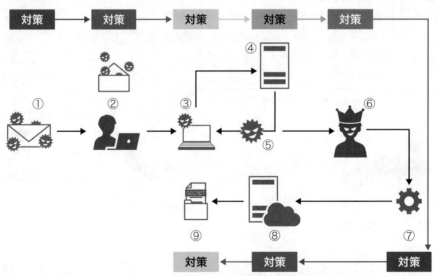

図1.3：攻撃者からの攻撃を防御するためには、複数の対策が必要

　このように、セキュリティ対策はどこか1か所だけ行うのではなく、複数の対策を行う必要があります。

このことを、「多層防御（Defense-in-Depth）」といいます。

ここが ポイント

セキュリティ対策において、複数の防御が必要だということを表す用語のことを「多層防御」といいます。

1.2.2 ゼロトラストセキュリティ

ゼロトラストセキュリティとは、すべてのアクセスを信頼されていないネットワークから発信されたものとして扱うことです。つまり、「信頼できるものは何もない」という考え方のもとにセキュリティ対策を行っていくというものです。

マイクロソフトでは、ゼロトラストセキュリティの実装を適切に行うために、ゼロトラストの原則を定義しています。マイクロソフトのゼロトラストの原則は次の通りです。

■ 明示的に確認する

組織や会社の資産であるID（アカウント）やデバイスを登録し、組織のユーザーやデバイスであるかを、毎回確認し、組織のユーザーである場合にクラウドリソースへのアクセスを許可するようにします。

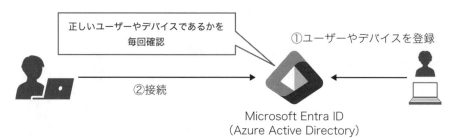

図1.4：明示的な確認

HINT　IDやデバイスを登録する場所

マイクロソフトのクラウドサービスでは、IDやデバイスはMicrosoft Entra ID（Azure Active Directory）に登録します。Microsoft Entra IDは、第2章で解説します。

■ 最小特権アクセスを使用する

最小特権アクセスとは、ITシステムを利用する上で、必要最小限の権限でアクセスしたり、管理作業を行ったりすることです。

たとえば、ファイルの読み取りだけできればいいのに変更までできるのは、権限が多すぎます。

また、管理者の権限においても、ユーザーアカウントの作成や管理が行えればいいのに、テナント全体の管理ができる権限を付与しているというのは不適切です。さらに、管理作業を行うユーザーが、24時間365日管理者権限が付与されている必要があるかというと、多くの場合、管理作業を行うタイミングで権限が付与されていれば問題ないことがほとんどです。必要なときに必要な時間だけ管理者権限を付与するのも最小特権アクセスの考え方の1つです。

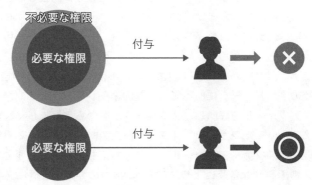

図1.5：最小特権アクセス

■ 侵害があるものと考える

近年のサイバー攻撃は、巧妙かつ日常的に行われています。そのため、組織や企業は常にサイバー脅威にさらされていると言っても過言ではありません。侵害されることを常に想定し、必要な複数の対策を常に取っておく必要があります。また、侵害された後の対策（侵入を検知し、対処するなど）も取る必要があります。

以上が、マイクロソフトが定義するゼロトラストの原則です。

ここが
ポイント

ゼロトラストの原則を覚えておきましょう。

1.2.3 保護すべき4つの要素

Microsoft 365などのクラウドサービスにおいては、次の4つの要素にセキュリティ対策を行う必要があります。

・ID
・デバイス
・データ
・アプリ

2010年頃（Windows 7が発売された年）は、この4つの要素は、ほぼ組織や会社のネットワーク内にありました。ユーザーが毎日会社に出社し、会社支給のデバイスから、IDを使用してサインインします。

サインイン後は、デバイスにインストールされているアプリを利用したり、アプリケーションサーバーのアプリを利用して、データを作成します。作成したデータは、ファイルサーバーに保存します。このように、保護すべき4つの要素がすべて会社のネットワークにある場合、社内ネットワークとインターネットの境界にファイアウォールを設置し、インターネットからの好ましくないアクセスをブロックするといったファイアウォールベースの対策が非常に効果的でした。

しかし、現在は、ファイアウォールベースの対策ももちろん必要ですが、クラウドサービスの爆発的な普及により、守るべき4つの要素が社外にあることも珍しくなくなりました。

ユーザーは、リモートワークを行うために支給されたデバイスを社外に持ち出します。また、会社が契約するクラウドサービスを利用し、作成したデータはクラウドサービスに保存します。

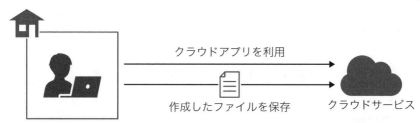

図1.6：保護すべき要素がすべて社外にある状態

　このような環境の場合、もはやファイアウォールベースのセキュリティは機能しなくなってしまいます。そのため、ファイアウォールベースではなく、ユーザーのIDベースでセキュリティ対策を行う必要があります。

　ユーザーがクラウドサービスにアクセスする場合、必ずユーザーIDやデバイスの認証を行います。そして、適切な資格情報を持つユーザーだからアクセスを許可するわけではなく、不適切な場所からアクセスしている場合や、不適切なデバイスを利用している場合は、クラウドアプリへのアクセスをブロックするなど、その時のユーザーの状況に応じて動的にアクセスの許可/拒否を判断します。

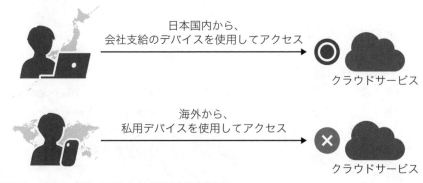

図1.7：状況に応じてアクセスを許可/拒否する

　このことを、「動的アクセス制御」といいます。ゼロトラストセキュリティを実現するためには、動的アクセス制御の実装が必要です。

ゼロトラストセキュリティでは、IDを主要なセキュリティ境界として使用します。

1.3　暗号化と電子署名

　近年では、サイバー攻撃のリスクが非常に高まっているため、セキュリティ対策は必須です。そのセキュリティ対策の1つとして利用されるのが、暗号化やハッシュ化です。ここでは、暗号化や電子署名、ハッシュ化について紹介します。

1.3.1 暗号化

　暗号化は、作成したドキュメントなどを一定の規則に従って変換することで、第三者に内容が分からないようにすることです。

HINT 復号

暗号化されたデータを、元の状態に戻すことを「復号」といいます。

　暗号化の方式には、次の2つがあります。

■ 共通鍵暗号化（対称鍵暗号化）

　暗号化と復号に、同じ鍵を使用する方式です。仕組みがシンプルなため処理が高速であることが利点です。しかし、公開鍵暗号化と比較すると暗号化と復号に同じ鍵を使用するためセキュリティが低いという欠点もあります。そのため、主にデータ本文の暗号化に使用されます。

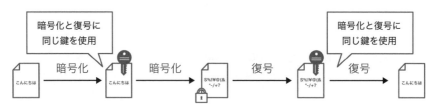

図1.8：共通鍵暗号化（対称鍵暗号化）

共通鍵暗号化は、対称鍵暗号化とも呼ばれます。

共通鍵暗号化は、暗号化と復号に同じ鍵を使用します。

■ 公開鍵暗号化（非対称鍵暗号化）

　暗号化と復号に、異なる鍵を使用する方式です。暗号化には公開鍵、復号には

秘密鍵を使用します。秘密鍵は、本人のみが厳重に管理して持つものです。共通鍵暗号化と比較すると仕組みが複雑なため、サイズが変化するデータの暗号化には不向きです。データを暗号化するのに使用した共通鍵暗号化の鍵をさらに暗号化する際や、電子署名を行う際に使用されます。

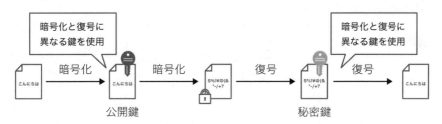

図1.9：公開鍵暗号化（非対称鍵暗号化）

公開鍵暗号化は、非対称鍵暗号化とも呼ばれます。

公開鍵暗号化は、暗号化と復号に異なる鍵を使用します。
公開鍵暗号化で使用される2つの鍵（公開鍵と秘密鍵）のことをキーペアと呼びます。

公開鍵暗号化では、暗号化に公開鍵が使用され、復号に秘密鍵が使用されます。

1.3.2 電子署名

電子署名は、いわゆる印鑑やサインに該当するものです。ドキュメントに電子署名を付加することで、確かに本人が署名したことや、送信した場合に経路の途中で改ざんされていないことを証明します。

電子署名には、公開鍵暗号化が使用されます。たとえば、送信者から受信者にファイルを送る際に電子署名を付加する場合、次のプロセスで行われます。

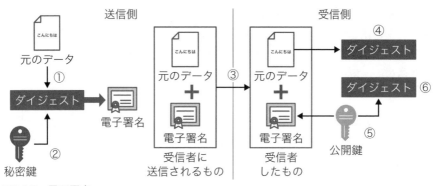

図1.10：電子署名

① 元のデータから、ハッシュ関数を使用してハッシュ値（ダイジェスト）を
生成します。

HINT　ハッシュ化とハッシュ関数

ハッシュ化は、元のデータからハッシュ関数と呼ばれる特定の計算手法に従って不規則な
データに変換することです。その結果、生成された値のことをハッシュ値と呼びます。
ハッシュ値は、元の値に戻すことはできません。ハッシュ化は、電子署名やパスワードを
安全に保存する際に使用されます。

ここが ポイント

ハッシュ値は、元の状態に戻すことはできません。

② 生成されたハッシュ値（ダイジェスト）に対し、秘密鍵を使用して暗号化
を行います。
ダイジェストを秘密鍵で暗号化したものが電子署名です。
③ 受信者に送信されるものは、元のデータとダイジェストを秘密鍵で暗号化
した電子署名です。
これを受信者に対して送信します。
④ 受信者は、元のデータと電子署名を受信します。
受信者側では、元のデータをもとにハッシュ関数を使用して、ハッシュ値
（ダイジェスト）を生成します。

⑤ 送信者の公開鍵を使用して、電子署名を復号します。

⑥ ④で生成したハッシュ値と、⑤で復号したハッシュ値を比較して同一であるかを確認します。

同一である場合、経路の途中で改ざんされていないことが証明されます。また、公開鍵で復号できたということは、ペアの秘密鍵で暗号化されたということになり、確かな送信者から送られたということが確認できます。

ポイント

電子署名は、秘密鍵でダイジェストを暗号化して電子署名を作成し、公開鍵を使用して電子署名を復号します。

1.4 Microsoftクラウドにおける暗号化

マイクロソフトのクラウドサービスには、Microsoft AzureやMicrosoft 365などがあります。

これらのサービスを契約すると、ユーザーがクラウドにデータを保存することができます。クラウドに保存されたデータは、保存時、転送時ともに暗号化され、保護されています。

ネットワークに送信されるデータは、TLSまたはIPSecなどの暗号化技術を使用して暗号化されます。

HINT TLSとIPSec

TLSおよびIPSecは、通信中のデータを暗号化する技術です。

また、保存されているデータについては、ハードウェアレベルではBitLockerドライブ暗号化が利用されます。

HINT BitLockerとは

BitLockerドライブ暗号化は、WindowsクライアントやWindows Serverで実装可能な機能で、CドライブやDドライブといったドライブ単位で暗号化を行うことができます。

　たとえば、Microsoft Azure上に作成されている仮想マシンのOSとデータディ
スクは、Azure Disk Encryptionと呼ばれるBitLocker機能を使用した暗号化が行
われています。図1.11は、.Microsoftクラウドで採用されている暗号化技術の一
覧です。

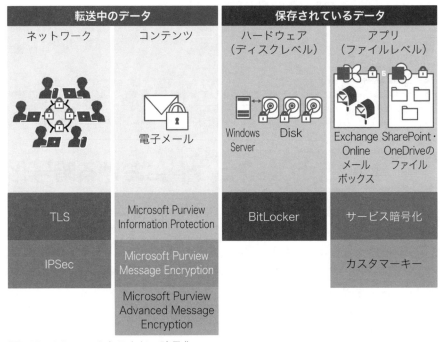

図1.11：Microsoftクラウドの暗号化

ここが
ポイント

Azure仮想マシンのOSおよびデータディスクは、BitLocker（Azure Disk Encryption）
によって暗号化することができます。

練習問題

問題 1-1

ネットワークセキュリティにおいて複数の防御が必要だということを表す用語はどれですか。

A. 多層防御
B. 共同責任管理
C. 脅威モデリング
D. ファイアウォール

問題 1-2

次の各ステートメントが正しい場合は「はい」を、正しくない場合は「いいえ」を選択してください。

① 非対称鍵暗号は、公開鍵と秘密鍵のペアを使用します。
② 対称鍵暗号化では、公開鍵と秘密鍵のペアを使用します。
③ 復号により、コンテンツハッシュから元のコンテンツを取り出すことができます。

問題 1-3

Azureの展開に対する責任の共有モデルでは、マイクロソフトが単独で管理する責任は何ですか。

A. モバイルデバイスの管理
B. Microsoft Azureに格納されているユーザーデータのアクセス許可
C. ユーザーアカウントの作成
D. 物理ハードウェアの管理

問題 1-4

ゼロトラストの基本原則を正確に説明している3つのステートメントはどれですか。それぞれの正解は完全な解決策を提示します。

A. 物理的な場所によって境界を定義します。

B. IDを主要なセキュリティ境界として使用します。

C. ユーザーのアクセス許可を常に明示的に確認します。

D. ユーザーシステムが侵害される可能性があることを常に想定します。

E. ネットワークを主要なセキュリティ境界として使用します。

問題 1-5

次のステートメントを完成させてください。

オンプレミスのリソースとクラウドのリソースを持つ環境では、[　]を主要なセキュリティ境界とすべきです。

A. クラウド

B. ファイアウォール

C. ID

D. Microsoft Defender for Cloud

問題 1-6

Software as a Service（SaaS）クラウドサービスモデルのセキュリティを評価する際、顧客は何を担当しますか。

A. オペレーティングシステム

B. ネットワーク制御

C. アプリケーション

D. アカウントとID

練習問題の解答と解説

問題 1-1 **正解** A   🖋 参照 1.2.1 多層防御（Defense-in-Depth）

　セキュリティにおいて複数の防御が必要だということを表す用語は、多層防御です。

問題 1-2 **正解** 以下を参照   🖋 参照 1.3.1 暗号化

①はい

　非対称鍵暗号化（公開鍵暗号化）は暗号化と復号に異なる鍵（公開鍵と秘密鍵のペア）を使用します。

②いいえ

　対称鍵暗号化（共通鍵暗号化）では、暗号化と復号に同じ鍵を使用します。

③いいえ

　ハッシュ化は、元のデータからハッシュ関数と呼ばれる特定の計算手法に従って不規則なデータに変換することです。その結果、生成された値のことをハッシュ値と呼びます。ハッシュ値は、元の値に戻すことはできません。

問題 1-3 **正解** D   🖋 参照 1.1.2 共同責任モデルについて説明する

　Microsoft Azureの各サービスにおいて、マイクロソフトが単独で責任を負うのは物理ハードウェアです。

問題 1-4 **正解** B、C、D   🖋 参照 1.2.2 ゼロトラストセキュリティ

　ゼロトラストの基本原則は、次の3つです。

- ・明示的な確認
  IDを主要なセキュリティ境界として使用する（B）、ユーザーのアクセス許可を常に明示的に確認する（C）。
- ・最小特権アクセス
- ・侵害を想定する
  ユーザーシステムが侵害される可能性があることを常に想定する（D）。

問題 1-5 **正解** C   🖋 参照 1.2.3 保護すべき4つの要素

　クラウドのリソースを持つ環境では、IDを主要なセキュリティ境界とするべきです。

問題 1-6 正解 D　　　　　　　　　　参照 1.1.2　共同責任モデルについて説明する

SaaSにおいて、顧客が責任を持つのは、アカウントとIDです。

第 **2** 章

Microsoft Entra ID (Azure Active Directory) の機能について説明する

本章では、マイクロソフトのクラウドベースのIDとアクセス管理サービスであるMicrosoft Entra ID（Azure Active Directory）とMicrosoft Entra IDに登録できるさまざまなIDについて説明します。またMicrosoft Entra IDの有償ライセンスで提供される高度な機能についても説明します。

理解度チェック

- ☐ 認証と承認
- ☐ Active Directoryドメインサービス
- ☐ フェデレーション
- ☐ Microsoft Entra ID (Azure Active Directory)
- ☐ Microsoft Entra ID P1とP2
  （Azure AD Premium P1とP2）
- ☐ クラウドID
- ☐ ハイブリッドID
- ☐ ゲストユーザー
- ☐ Microsoft Entra Connect (Azure AD Connect)
- ☐ Microsoft Entra B2Bコラボレーション
  （Azure AD B2Bコラボレーション）
- ☐ サービスプリンシパルとマネージドID

- ☐ Microsoft Entra B2C (Azure AD B2C)
- ☐ Microsoft Entra MFA (Azure AD MFA)
- ☐ Windows Hello for Business
- ☐ FIDO2セキュリティキー
- ☐ セルフサービスパスワードリセット (SSPR)
- ☐ 条件付きアクセス
- ☐ ロールベースのアクセス制御 (RBAC)
- ☐ Microsoft Entra Privileged Identity
  Management（Azure AD Privileged
  Identity Management）
- ☐ アクセスレビュー
- ☐ Microsoft Entra ID Protection
  （Azure AD Identity Protection）

アクセスキー ☐ **O**

（大文字のオー）

2.1　アイデンティティの概念を定義する

　第1章で説明したように、これまで私たちはファイアウォールというネットワーク境界で組織のネットワークを保護し、ファイアウォールの内部は安全であるという認識で組織のリソースを保護してきました。しかし、インターネットとクラウドの普及で、私たちが仕事をする環境が大きく変わってきており、私たちは「さまざまな時間」に「さまざまな場所」から「さまざまなデバイス」を利用し、「さまざまなアプリケーション」を使用して仕事をしています（図2.1）。

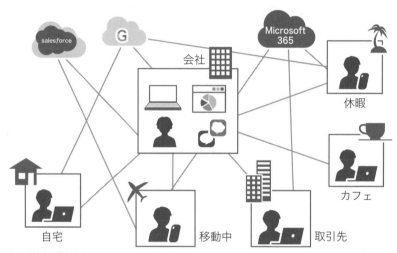

図2.1：最近の働き方

　この変化はユーザーにとって便利になった反面、業務で使用する環境をファイアウォールでは保護しきれなくなっているということです。そこで必要になるのは、さまざまなシステムにサインインする時に使用するアイデンティティ（Identity：ID）を保護することです。第1章で説明したように、新たなセキュリティの境界となるのがIDと言われており、クラウドサービスを利用する企業では「ID」をベースとしたセキュリティ対策を行う必要があります。その際に、柱となるのが次の4つの要素です。

● 認証
　セキュリティ強度が高く、ユーザーが使用しやすい認証方法を提供します。

● 承認（認可）

適切なユーザーが適切なアプリにアクセスし、必要な範囲の権限を持つように
します。

 認証と承認についての詳細は、「2.1.1 認証と承認とは」を参照してください。

● 管理

IDやデバイスを一元管理し、アプリへのアクセス制御やセキュリティ対策を行
います。

● 監査

リソースに対して、いつ、誰がどのような操作を行ったかを追跡できるように
します。

ここが
ポイント

IDベースのセキュリティ対策の柱となるのが、認証、承認（認可）、管理、監査です。

　ここではサインイン時に行われる「認証」と「承認」、そしてその他の認証に関
わる基本的な内容を説明します。

2.1.1 認証と承認とは

　クラウドサービスにアクセスするには、最初にそのユーザーが適切なユーザー
であることを確認し、どこまでの操作を許可するのかを確認する必要があります。
ここでは、その一連のプロセスで行われる「認証」と「承認」についてオンプレ
ミスの例を用いて説明します。

■ 認証

　認証とは、ユーザー名やパスワードなどを用いて本人確認を行うプロセスです。
認証には、ユーザー名とパスワードの組み合わせのほか、指紋や顔などの生体情
報、スマートフォンやハードウェアトークンなどのデバイスを使用するパターン
があります。認証を適切に行うには、認証を行うシステムに、事前にユーザーの
情報が登録されている必要があります。そのユーザーの情報がIDです。

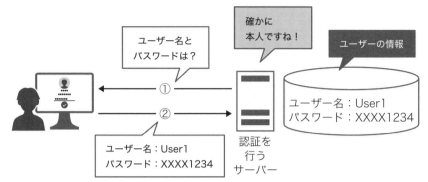

図2.2：認証とは

■ 承認（認可）

承認は認可とも呼ばれ、認証されたユーザーがリソースに対して正しいアクセス許可があるかを確認するプロセスです。

認証が完了しているユーザーがServer1というリソースにアクセスするには、アクセスするための承認が必要です。承認は、図2.3のように行われます。

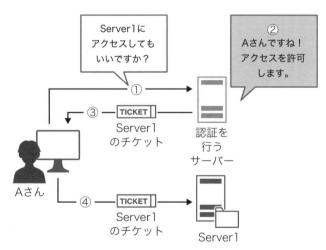

図2.3：承認とは

① 認証を行うサーバーに、Server1へのアクセスを要求します。
② 認証済みのユーザーであることを確認します。
③ Server1にアクセスするために必要なチケットを発行します。

④　チケットをServer1に提示し、アクセスします。

　このように、システムにサインインすると、最初に認証による本人確認が行われます。しかし、認証による本人確認が行われただけでは目的のリソースにアクセスできません。本人確認後、そのユーザーがどこまでの操作を許可されているのかが確認され、リソースへのアクセスが許可されます。

認証とは、ユーザー名やパスワードなどを用いて本人確認を行うプロセスです。承認（認可）とは、ユーザーがリソースに対して正しいアクセス許可があるかを確認するプロセスです。

Azure portalやMicrosoft 365管理センターにアクセスしようとすると、最初に行われるのが「認証」です。Azure portalはAzureリソースなどを管理する際に使用するツールで、Microsoft 365管理センターは、Microsoft 365全体の管理に使用するツールです。

　この認証と承認を行うのがID プロバイダー（Identity Provider：IdP）です。IdPにはさまざまなものがあり、この後で説明するMicrosoft Entra ID（Azure Active Directory）のほか、Google、X（Twitter）、GitHubなどがあります。

GitHubは、IdPです。

2.1.2 Active Directory ドメインサービス

　Active Directory ドメインサービス（Active Directory Domain Services：AD DS）は、Windows Serverでドメインを構築し、リソースを一元的に管理する「ディレクトリサービス」です。簡単に言うと、オンプレミスのユーザーに対して認証と承認を行うサービスです。

　ここでは、まずAD DSの基本要素である「ドメイン」と「ドメインコントローラー」について説明します。

■ドメインコントローラー

　ドメインコントローラー（Domain Controller:DC）は、ドメインを管理し、ユーザーに対する認証や承認を行うサーバーです。ドメインコントローラーには、AD DSがインストールされ、ユーザーアカウントなどを登録するためのデータベースを保持しています。

　サインイン時に入力したユーザー名およびパスワードと、データベースに登録されている情報が一致するとサインインが許可されます。ドメインコントローラーは、障害対策を考慮して、一般的には複数台構成にします。ドメインコントローラー同士は互いにデータベースの情報を複製し合い、ユーザーは近くに配置されているドメインコントローラーに認証要求を送ります。

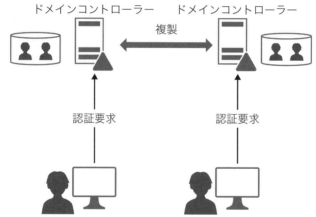

図2.4：ドメインコントローラーとは

■ドメイン

　ドメインとは、ユーザーアカウントなどを登録して管理する範囲のことで、1台目のドメインコントローラーがインストールされると、ドメインが作成されます。ドメインコントローラーが持つデータベースには、ドメイン内のさまざまなオブジェクトが登録されます。たとえばデバイスをデータベースに登録するには、「ドメイン参加」という操作を行います。すると、デバイスに紐づくコンピューターアカウントがドメインコントローラーのデータベースに登録されます。ユー

ザーがドメインにサインインする時に使用するデバイスは、ドメインに参加しているデバイスである必要があります。サインインが完了すると、ユーザーは同じドメイン内のリソース（各種サーバー）にシングルサインオン（SSO）でアクセスできます。

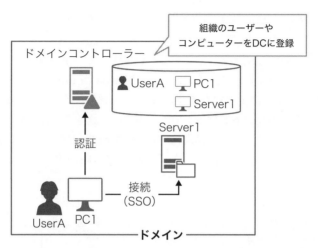

図2.5：ドメインとは

 HINT シングルサインオン

シングルサインオンとは、一度認証されると、ユーザー名とパスワードを繰り返し入力することなくさまざまなサービスにアクセスできることです。

ここが
ポイント

Active Directoryドメインサービスには、コンピューターアカウントを登録できます。

2.1.3 フェデレーションの概念

フェデレーションは、オンプレミスおよびクラウドの両方で利用されていますが、ここではクラウドサービスを例に解説します。業務の内容に応じて、さまざまなクラウドサービスを契約すると、私たちはクラウドサービスごとにIDを登録し、複数のIDを使い分けてサインインする必要があります。各クラウドサービス

のIDプロバイダーとの間で信頼関係を築くことにより、組織またはドメインの境界を越えてサービスにアクセスできます。この信頼関係を「フェデレーション」と呼びます。フェデレーションとは本来「連合」や「連盟」といった意味合いを持つ単語ですが、ここでいうフェデレーションとは、異なる組織やシステム間でサービスを相互利用することです。

　では、信頼関係が構成されていない環境の例を確認します。

　たとえば、AzureにWebアプリがあるとします。AzureのWebアプリにアクセスするには、AzureのIDプロバイダーであるMicrosoft Entra ID（Azure Active Directory）の認証が必要となります。しかし、Webアプリにアクセスしたい外部のユーザーのアカウントをMicrosoft Entra IDに登録すると、そのユーザーは普段使用しているアカウントとは別にMicrosoft Entra IDのアカウントも使うことになるため、複数のユーザーアカウントを使い分ける必要があります。

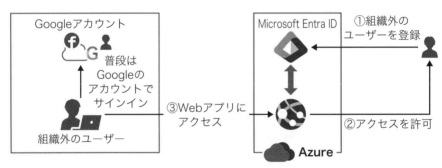

図2.6：外部ユーザーのリソースアクセス

① 　Webアプリにアクセスさせたい外部のユーザーを登録します。
② 　登録したユーザーにWebアプリに対するアクセス許可を割り当てます。
③ 　Microsoft Entra IDに登録されているユーザーでサインインし、Webアプリにアクセスします。

　しかし、2つのIDプロバイダー間でフェデレーションを構築すると、普段使用しているアカウントのまま組織外のリソースにアクセスできるようになります。たとえばMicrosoft Entra IDとGoogleの間でフェデレーションを構成すると、接続先となるAzureのWebアプリはGoogleの認証結果を信頼してアクセスを許可できます（図2.7）。

つまり、Googleのアカウントで、Azureのリソースにアクセスできるわけです。

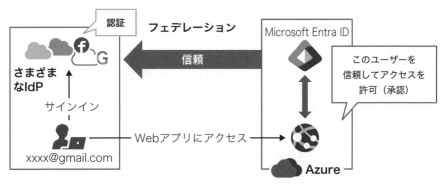

図2.7：フェデレーションとは

　フェデレーションを構成することにより、ユーザーは普段使用しているアカウントで、自組織外のさまざまなリソースにアクセスできるようになります。

ここが
ポイント

フェデレーションは、組織間で信頼関係を確立するために使用されます。

2.2　Microsoft Entra ID（Azure Active Directory）の概念とIDの種類

　ここでは、マイクロソフトのクラウドベースのIDとアクセス管理サービスであるMicrosoft Entra ID（Azure Active Directory）と、Microsoft Entra IDに登録するさまざまなIDについて説明します。

注意

Azure Active Directoryの名称変更について
2023年7月11日にAzure Active Directory（Azure AD）の名称が、「Microsoft Entra ID」に変更されることがアナウンスされました。名称は変更されますが、Azure ADの機能、価格、条件、およびSLAは変わりません。試験では引き続きAzure ADで出題されることが予想されるため、本書では両方の名称を併記します。

2.2.1 Microsoft Entra ID（Azure Active Directory）

Microsoft Entra ID（Azure Active Directory）は、マイクロソフトのクラウドベースのIDとアクセス管理サービスで、同じマイクロソフトのクラウドサービスであるMicrosoft 365、Microsoft Azure、Microsoft Intuneなどのサービスにアクセスするユーザーの認証を行うIDプロバイダー（IdP）です。Microsoft Entra IDはクラウドベースの認証サービスであるため、インターネットが繋がればどこからでも（社内ネットワークからだけではなく、自宅やカフェなど）アクセスできます。

Microsoft Entra IDには、あらかじめ認証が必要なユーザーのIDを登録しておきます。登録されているIDと同じユーザー名/パスワードを入力すると（パスワード認証の場合）、Microsoft Entra IDによって認証と承認が行われ、ユーザーは目的のサービスにアクセスができます。

冒頭で説明したように、Microsoft Entra IDはマイクロソフトのさまざまなサービスの認証を担当しています。各サービスにアクセスするたびに同じユーザー名とパスワードを入力する必要があるかというとそうではありません。一度、Microsoft Entra IDによる認証が行われると、他のサービスにアクセスする際はシングルサインオン（Single Sign-On：SSO）でアクセスができます（図2.8）。

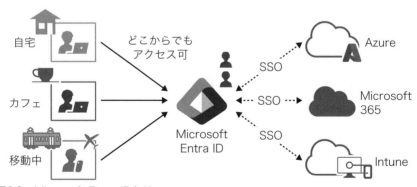

図2.8：Microsoft Entra IDとは

SSOとは、一度認証が行われると、他のサービスへのアクセスにユーザー名とパスワードを入力することなくアクセスできる仕組みのことです。たとえば、Azureを管理する際に使用するAzure portalを開いている状態で（サインイン済み）、Microsoft 365ポータルにアクセスすると、同じユーザー名とパスワードを

繰り返し入力することなくSSOでアクセスできます。

　このようにMicrosoft Entra IDは、同じマイクロソフトのクラウドサービスへのアクセスにSSOを提供します。さらにMicrosoft Entra IDはフェデレーション信頼を確立することにより、マイクロソフト以外のクラウドアプリとも連携できるようになっています。たとえば、業務で利用しているSalesforceやDropboxとMicrosoft Entra IDとの間でフェデレーションを構成すると、これらのサービスにも、SSOでアクセスできるようになります（図2.9）。

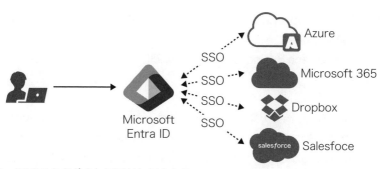

図2.9：SSOでさまざまなアプリにアクセス

　SSOでアクセスできるようになると、ユーザーは複数のクラウドアプリにアクセスする際に、何回も資格情報を入力する必要がないため、ユーザーの操作性が大幅にアップします。

複数のIDプロバイダーとの間でフェデレーションを構成すると、シングルサインオンでマイクロソフト以外のクラウドアプリにアクセスできます。

　Microsoft Entra IDには、ユーザーIDだけではなく、デバイスのIDも登録できます。Windows 10や11はMicrosoft Entra参加（Azure AD参加）をサポートしています。デバイスをMicrosoft Entra IDに参加させると、デバイスのIDがMicrosoft Entra IDに登録されます。Microsoft Entra IDに参加したデバイスを起動し、Windowsのサインイン画面でMicrosoft Entra IDのアカウント情報を入力します。すると、Microsoft Entra IDによる認証が行われ、デスクトップ画面が表示されます。その後はSSOでMicrosoft 365などにアクセスできます。

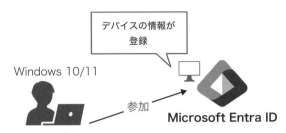

図2.10：Microsoft Entra参加

　デバイスをMicrosoft Entra IDに参加させると、Windows Hello for Business
など高度な機能が利用できるようになります。
　Windows Hello for Businessについての詳細は、「2.3.2 パスワードレス認証」
で説明します。

　次にMicrosoft Entraテナントの作成方法について説明します。Microsoft Entra
テナントを作成するには、Microsoft Entra IDをIdPとして使用するMicrosoft 365
やMicrosoft Azureなどのサインアップ（契約）が必要です。実は、Microsoft
Entra IDだけを単独で契約することはできません。

　Azureのサブスクリプション、Microsoft 365などのマイクロソフトのクラウ
ドサービスをサインアップすると、自動的にMicrosoft Entraテナントが作成さ
れます（図2.11）。

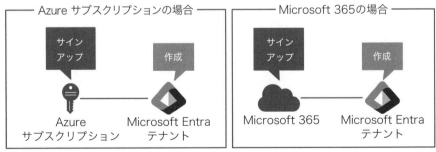

図2.11：マイクロソフトのクラウドサービスのサインアップとMicrosoft Entraテナン
トの作成

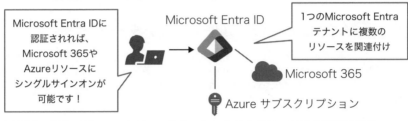

HINT 既存のMicrosoft Entraテナントへの関連付け

すでにMicrosoft Entraテナントがあり、そのテナントの管理権限を持つユーザーでマイクロソフトの他のクラウドサービスをサインアップした場合は、既存のテナントを利用することができます。

1つのMicrosoft Entraテナントに複数のクラウドサービスが関連付けられていると、ユーザーはシングルサインオンで複数のクラウドサービスにアクセスできるため非常に便利です。前述したシングルサインオンでのアクセスは、同一のMicrosoft Entraテナントに複数のサービスが関連付いている状態の場合になります。

Microsoft Entra IDに認証されれば、Microsoft 365やAzureリソースにシングルサインオンが可能です！

Microsoft Entra ID

1つのMicrosoft Entraテナントに複数のリソースを関連付け

Microsoft 365

Azure サブスクリプション

図2.12：既存のMicrosoft Entraテナントにクラウドサービスを関連付ける

　テナントが作成されると、自動的にすべてのMicrosoft Entra IDの機能が使用できるようになるわけではありません。Microsoft Entra IDのライセンスには複数の種類があり、ライセンスによって利用できる機能、サービスが決まります。Microsoft Entra IDの主なライセンスは、次の通りです。

■ Microsoft Entra ID Free（Azure AD Free）

　Azureのサブスクリプションをサインアップした時にMicrosoft Entraテナントが作成されると、そのテナントは「Microsoft Entra ID Free」のライセンスを使用している状態になります。これは無償で利用できるライセンスで、Microsoft Entra IDの基本的な機能のみが利用できます。

■ Microsoft Entra ID P1（Azure AD Premium P1）

　Microsoft Entra ID P1は有償ライセンスで、Microsoft Entra ID Freeで利用できる機能に加え、Microsoft Entra IDの企業向けの機能が利用できます。

■ Microsoft Entra ID P2（Azure AD Premium P2）

　Microsoft Entra ID P2は有償ライセンスで、Microsoft Entra ID P1で利用できる機能に加え、サイバー攻撃対策機能などMicrosoft Entra IDの高度な機能が

利用できます。

ライセンス名の変更

Azure ADの名称がMicrosoft Entra IDに変更されたのに伴い、Azure ADのライセンス名も2023年10月1日に変更されることがアナウンスされました。
しばらくの間は、旧名称で出題されることが予想されますが、新名称も併せて覚えておいてください。

HINT Microsoft Entra IDの新しいライセンス

Microsoft EntraのID管理を行うために必要なライセンスは前述した3つのライセンスのほかに、Microsoft Entra ID Governanceといった新しいライセンスもあります。
このライセンスは、有償のMicrosoft Entra IDのライセンスを所有している場合に追加で購入可能なアドオンライセンスです。

Microsoft Entra IDの3つのライセンスの機能の違いは次の通りです。

機能	Free	P1	P2
Core IDとアクセスの管理	✓	✓	✓
企業間コラボレーション	✓	✓	✓
Office 365アプリのIDとアクセス管理	✓	✓	✓
Premium機能		✓	✓
ハイブリッドID		✓	✓
高度なグループアクセス管理		✓	✓
条件付きアクセス		✓	✓
ID Protection			✓
Identity Governance			✓

表2.1：Microsoft Entra IDの3つのライセンスの機能比較

　Microsoft Entra IDの有償ライセンスはMicrosoft 365などのライセンスと同様にユーザーベースのライセンスで、ユーザーごとに月額もしくは年額料金が決まっています。その機能を使いたいユーザー数分のライセンスを購入し、ライセンスをユーザーに割り当てる必要があります（図2.13）。

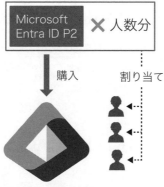

図2.13：ライセンスの割り当て

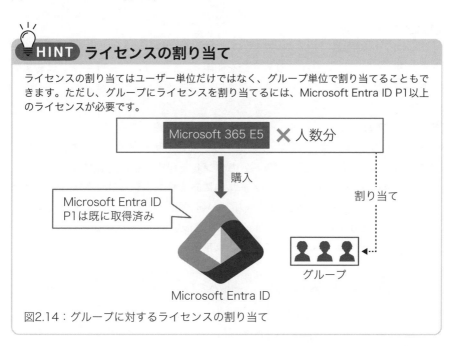

HINT ライセンスの割り当て

ライセンスの割り当てはユーザー単位だけではなく、グループ単位で割り当てることもできます。ただし、グループにライセンスを割り当てるには、Microsoft Entra ID P1以上のライセンスが必要です。

図2.14：グループに対するライセンスの割り当て

2.2.2 Microsoft Entra ID（Azure AD）のユーザーID

Microsoft 365などマイクロソフトのクラウドサービスにアクセスするには、Microsoft Entra ID（Azure AD）にユーザーIDが登録されている必要があります。Microsoft Entra IDに登録できるIDは、次の3種類です。

■ クラウドID

クラウドIDは、Microsoft Entra IDに正規のユーザーとして新規登録されたユーザーです。

組織に所属するユーザーをクラウドベースで管理したい場合は、クラウドIDを利用します。

■ ハイブリッドID

ハイブリッドIDは、オンプレミスのAD DSからディレクトリ同期によって同期されたユーザーです。ハイブリッドIDを使用すると、ユーザーはオンプレミスにもクラウドにも、同じユーザー名とパスワードでサインインできます。

■ ゲストアカウント

ゲストアカウントは、外部のIdPのユーザーに招待状を送って登録するユーザーです。Microsoft Entra IDにゲストアカウントを作成すると、登録したメールアドレスに招待メールが届きます。メール内にあるリンクをクリックすると、登録したゲストアカウントと外部のユーザーが紐付けられます。ゲストユーザーはMicrosoft Entra IDにサインインする際に、普段使用しているGoogleアカウントなどのユーザー名とパスワードで認証されます。

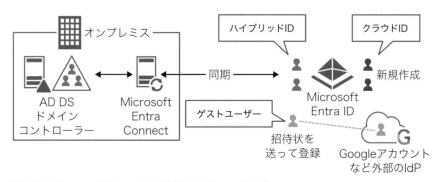

図2.15：Microsoft Entra IDに登録できるユーザーID

Microsoft Entra IDを管理するには、主に次のツールを使用します。

■ Microsoft 365管理センター

Microsoft 365全体の管理に使用します。ユーザーやグループの作成、役割グループの管理など、Microsoft Entra IDの一部の管理操作が可能です。

■ Microsoft Entra管理センター（旧Azure Active Directory管理センター）

Microsoft Entra IDのほか、マルチクラウド環境の権限管理の機能なども組み込まれています。

> **HINT Microsoft Entra**
>
> マイクロソフトは2022年5月にアクセス管理やID管理などを提供するサービスをまとめた新しいブランド、「Microsoft Entra」を発表しました。Microsoft Entra IDもMicrosoft Entra 製品ファミリーの1つに位置付けられています。それに伴い、Microsoft Entra ID を管理するツールも「Azure Active Directory管理センター」から「Microsoft Entra管理センター」に変更されています。

■ Azure portal

Azureリソースの管理に使用しますが、Microsoft Entra IDの管理も可能なツールです。Azure portalの［Microsoft Entra ID］メニューをクリックすると、Microsoft Entra管理センターの［ID］メニューと同等の操作が可能です。ただし、メニュー構成は異なります。

■ Microsoft Intune管理センター

Microsoft Intuneの管理に使用します。ユーザーやグループの作成など、Microsoft Entra IDの一部の操作が可能です。

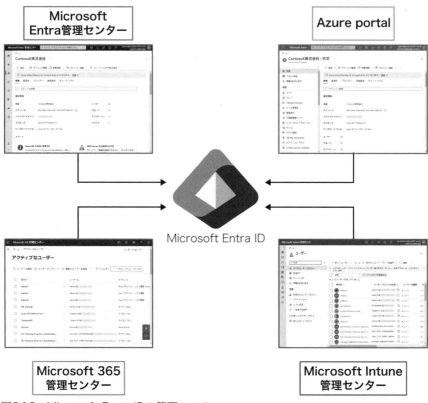

図2.16：Microsoft Entra IDの管理ツール

　ユーザーの作成やグループの管理などは、ここまで紹介したどの管理ツールでも行うことができますが、ここでは、「Microsoft 365管理センター」と「Microsoft Entra管理センター」でクラウドIDを作成する方法を説明します。

■ Microsoft 365管理センターでユーザーを作成する

　Microsoft 365管理センターでユーザーを登録するには、ブラウザーで「https://admin.microsoft.com」にアクセスします。Microsoft 365管理センターが起動したら、［ユーザー］の［アクティブなユーザー］メニューから［ユーザーの追加］をクリックして登録します（図2.17）。

図2.17：Microsoft 365管理センターでユーザーを作成する①

　[ユーザーを追加] 画面が表示されたら、ユーザー名やパスワードなどの情報を入力して、[追加の完了] ボタンをクリックします（図2.18）。

図2.18：Microsoft 365管理センターでユーザーを作成する②

■Microsoft Entra管理センターでユーザーを作成する

　Microsoft Entra管理センターは、Microsoft 365管理センターから起動することもできますが、ブラウザーで直接URL（https://entra.microsoft.com）を入力してもアクセスできます。

HINT Azure Active Directory管理センターのURL

現在は廃止されているAzure Active Directory管理センターのURL（https://aad.portal.azure.com）をブラウザーで実行すると、自動的にMicrosoft Entra管理センターにリダイレクトされるようになっています。

　Microsoft Entra管理センターが起動したら、［ユーザー］の［すべてのユーザー］メニューで、［新しいユーザー］から［新しいユーザーの作成］をクリックします（図2.19）。

図2.19：Microsoft Entra管理センターでユーザーを作成する①

　［新しいユーザーの作成］画面で、ユーザープリンシパル名やパスワードなどを指定して、［レビューと作成］をクリックします（図2.20）。

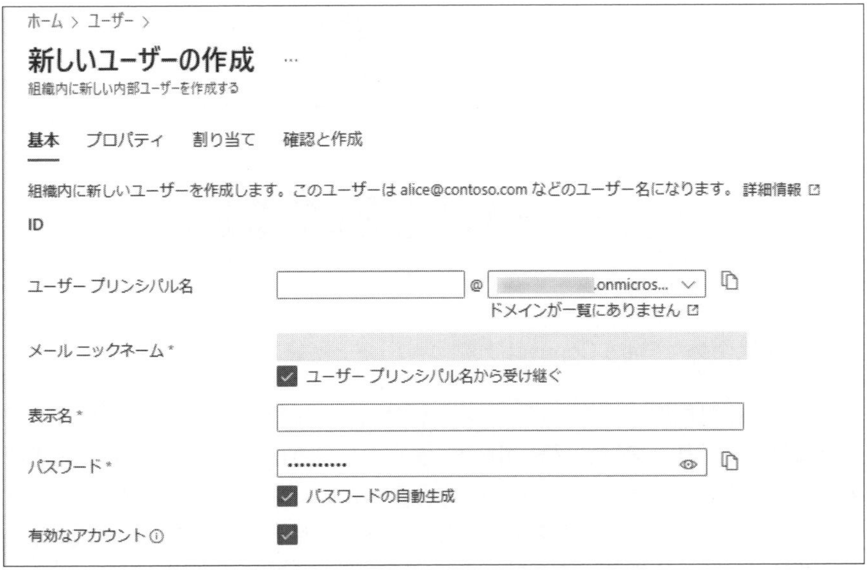

図2.20：Microsoft Entra管理センターでユーザーを作成する②

　クラウドIDは、一般的にクラウドのみを利用している企業（オンプレミスに認証を必要とするシステムがない場合）で使用します。

2.2.3　ハイブリッドID

　ハイブリッドIDを利用することで、既存のオンプレミスのサービスおよびクラウドサービスの両方に、1つのユーザーアカウントでアクセスできるようになり、ユーザーの利便性が向上します。ハイブリッドIDを利用するには、Microsoft Entra Connect（Azure AD Connect）を使用して、Active Directory ドメインサービス（AD DS）のユーザーアカウントなどをMicrosoft Entra ID（Azure AD）に同期します。このことを、「ディレクトリ同期」といいます。Microsoft Entra Connectとは、無償で提供されている同期ツールで、オンプレミスのドメインに参加しているWindows Serverにインストールします。

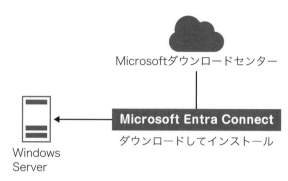

図2.21：Microsoft Entra Connectのダウンロードとインストール

　ディレクトリ同期は、オンプレミスからMicrosoft Entra IDへの一方向で同期が行われ、ユーザーアカウントのほか、グループアカウントや連絡先なども同期できます。同期の処理によってMicrosoft Entra IDにハイブリッドIDが登録されると、ユーザーはオンプレミスで使用しているユーザー名とパスワードでクラウドにもサインインできるようになります（図2.22）。

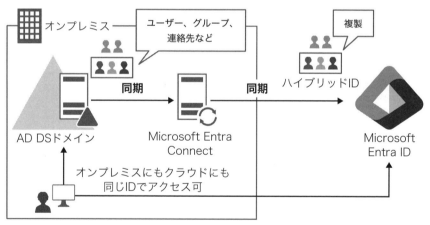

図2.22：ディレクトリ同期

ディレクトリ同期はオンプレミスからMicrosoft Entra IDへの同期を行うことです。ディレクトリ同期を行うには、オンプレミスのWindows ServerにMicrosoft Entra Connectツールをインストールして構成します。

ディレクトリ同期によってMicrosoft Entra IDに同期されたユーザーをハイブリッドIDと呼びます。

ディレクトリ同期は、オンプレミスからMicrosoft Entra IDへの一方向で同期が行われます。

ディレクトリ同期されたIDのマスターはAD DS側となり、Microsoft Entra ID側で変更や削除はできません。

たとえば、ユーザーの部署名が変更されたためユーザーアカウントの部署属性を変更したい場合は、AD DS側で行う必要があります。AD DS側でアカウントの管理作業を行うと、ディレクトリ同期によってMicrosoft Entra ID側に変更内容が反映します。

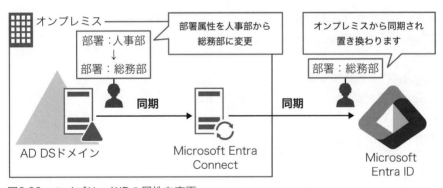

図2.23：ハイブリッドIDの属性を変更

ユーザーアカウントの削除も同様で、退職したユーザーのアカウントを削除したい場合は、AD DS側で行います。AD DS側でユーザーアカウントを削除すると、ディレクトリ同期によって削除したという情報が複製され、Microsoft Entra ID側からもユーザーアカウントが削除されます。

このようなオブジェクトや属性の変更はどれくらいの間隔で行われるのでしょうか。ディレクトリ同期の間隔は、既定で30分に設定されていますが、PowerShell

のコマンドレットを使用することで同期の間隔を変更することができます。

● 同期の間隔を変更するコマンドレット

Set-ADSyncScheduler -CustomizedSyncCycleInterval

● 実行例：同期の間隔を3時間に変更したい場合

Set-ADSyncScheduler -CustomizedSyncCycleInterval 03:00:00

HINT 同期の間隔の短縮

同期の間隔は、30分より短く設定することはできません。

また、今すぐ同期が必要な場合は、強制同期を実行します。強制同期は、PowerShellで次のコマンドレットを実行します。

● 差分同期を実行する場合

Set-ADSyncSyncCycle -Policytype Delta

● 完全同期を実行する場合

Set-ADSyncSyncCycle -Policytype Initial

2.2.4 ゲストアカウント

　ゲストアカウントとは、外部のIdPのユーザーに招待状を送って登録する外部ユーザー用のアカウントです。

　外部のユーザーがMicrosoft Entra ID（Azure AD）にサインインするには、Microsoft Entra ID側にユーザーアカウントが必要です。

　しかし、新たにユーザーアカウントを作成すると、そのユーザーはアクセス先によって複数のユーザーを使い分ける必要があります。そこでユーザーが普段使用しているアカウント（Googleアカウントなど）をMicrosoft Entra IDにゲストユーザーとして登録すると、指定したメールアドレスに招待状のメールが送信されます。受け取ったユーザーは、メール内のリンクをクリックすると、その外部のアカウントとMicrosoft Entra IDに登録したゲストユーザーが紐づき、

Microsoftのクラウドサービスへのアクセスが必要な場合は、普段使用している
アカウントのユーザー名とパスワードでサインインできます（図2.24）。

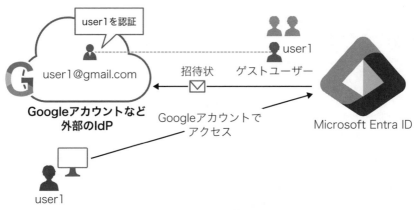

図2.24：ゲストアカウントの登録と使用

　図2.25は、ゲストユーザーとして登録された組織外のユーザーに送信された招
待状です。
　電子メールの最下部に表示されている［招待の承諾］をクリックすると外部の
IdPによって認証された後、図2.26のような画面が表示され、［承諾］をクリック
するとリソースへのアクセスが許可されます。

図2.25：ゲストユーザーに送信された招待状

図2.26：[アクセス許可の要求者] ページ

　ゲストアカウントは、他のMicrosoft Entraテナント、Microsoftアカウント、Googleアカウント、Facebookアカウントなどと連携して作成することができます。

　作成したゲストアカウントはどのような状況で利用するのでしょうか。

　主な用途は、「Microsoft Entra B2Bコラボレーション（Azure Active Directory B2Bコラボレーション）」です。B2BとはBusiness to Businessの略で、企業間取引のことです。Microsoft Entra IDにはB2Bコラボレーションというサービスがあり、自分の組織に外部のユーザーを招待して共同作業を行うことができる機能です。B2Bコラボレーションにより、自組織のサービスとアプリケーションを外部ユーザーとセキュリティで保護された安全な状態で一緒に作業できます。

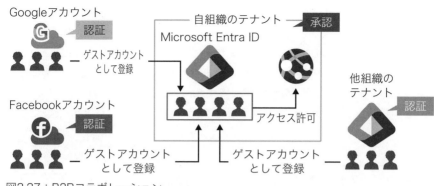

図2.27：B2Bコラボレーション

　たとえば、Azureに作成したWebアプリにアクセスするには、Microsoft Entra IDの認証が必要である場合を例に考えてみましょう。このような場合、一般的に認証が必要なユーザーのアカウントを自組織のMicrosoft Entra IDに登録する必要がありますが、外部のユーザーをゲストユーザーとして登録すると、ユーザーは新たなIDでサインインする必要はなく、普段使用しているIDでGoogleやFacebookなどの外部のIdPから認証を受け、Azure Webアプリにアクセスできるようになります。

パートナー、ベンダーなど外部の組織とのコラボレーションを有効にするには、Microsoft Entra B2Bコラボレーション（Azure Active Directory B2Bコラボレーション）を使用します。B2Bコラボレーションを構成するには、外部のユーザーをゲストアカウントとして登録します。

2.2.5 サービスプリンシパルとマネージドID

　認証や承認は、ユーザーにのみ行われるわけではなく、アプリケーションなどに対しても行われます。アプリケーションがMicrosoft Entra ID（Azure AD）に認証されると、ユーザーの手を介さずにアプリケーションが直接権限を実行したり、アクセス許可が必要なリソースにアクセスできるようになります。

　では、アプリケーションに対してどのように認証と承認が行われるのでしょうか。

　Microsoft Entra IDがアプリケーションに対して認証と承認を行えるようにする

には、Microsoft Entra IDにアプリケーションのIDが登録されている必要があります。これを「サービスプリンシパル」と呼びます。Microsoft Entra IDにサービスプリンシパルが登録されていると、ユーザーに設定するのと同じように、アプリにも直接アクセス許可や権限などを割り当てることができます。このような構成にすると、画像ファイルなどが格納されているAzureのストレージアカウントに、アプリから直接アクセスしてアプリ内で画像を表示できるようになります（図2.28）。

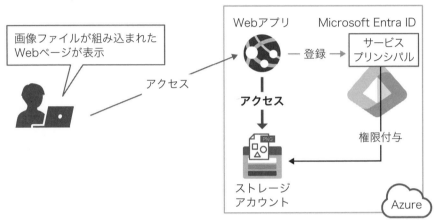

図2.28：サービスプリンシパルとは

> 💡 **HINT　ストレージアカウントとは**
>
> ストレージアカウントとは、世界中のどこからでもHTTPまたはHTTPS経由でアクセスできるPaaSのストレージサービスです。ストレージアカウントには、非常に多くのデータを格納することができます。

　サービスプリンシパルの登録は、Microsoft Entra管理センターの［アプリケーションの登録］画面から行います（図2.29）。

図2.29：サービスプリンシパルの登録

　アプリケーションをMicrosoft Entra IDに登録すると、アプリケーションのID であるサービスプリンシパルがMicrosoft Entra IDに登録されます。アプリケーションのIDが登録されると、ユーザーと同じようにアプリケーションもMicrosoft Entra IDから認証してもらい、ユーザーの手を介することなく割り当てられた権限やアクセス許可を利用してリソースにアクセスできます。

　一方、マネージドIDもMicrosoft Entra IDに登録するサービスプリンシパルの 1つです。前述したサービスプリンシパルは、任意のアプリで利用することができますが、マネージドIDは、特定のAzureリソースでのみ利用可能なサービスプリンシパルです。
　そのため、次のように使い分けます。

● サービスプリンシパル
　マネージドIDに対応していないリソースおよび任意のアプリで利用可能（オンプレミスのアプリなどにも利用できます）

● マネージドID
　Azureの特定のリソースでのみ利用可能

　マネージドIDは、仮想マシンなどの特定のAzureのリソースに権限やアクセス許可を割り当てたい場合に利用します。仮想マシンでマネージドIDを有効にすると、仮想マシンのIDを持つサービスプリンシパルがMicrosoft Entra IDに登録されます（図2.30）。

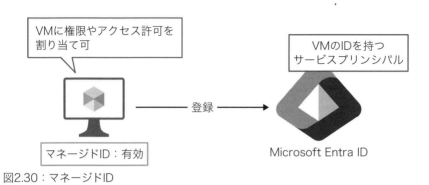

図2.30：マネージドID

　マネージドIDには、次の2種類があります。

■ システム割り当て

　特定のリソースに紐付けられるマネージドIDです。仮想マシンなどのリソースでシステム割り当てマネージドIDを有効にすると、そのリソース用のIDを持ったサービスプリンシパルがMicrosoft Entra IDに自動的に作成されます。システム割り当てマネージドIDは完全に1つのリソースに紐付けられているため、該当のリソースが削除されると、Microsoft Entra IDに登録されているサービスプリンシパルも自動的に削除されます。

ここが
ポイント

> システム割り当てマネージドIDが有効になっているリソースが削除されると、Microsoft Entra IDに登録されているサービスプリンシパルも自動的に削除されます。

■ ユーザー割り当て

　複数のAzureリソースに紐付けることができるマネージドIDです。ユーザー割り当てマネージドIDを有効にすると、サービスプリンシパルがMicrosoft Entra IDに作成されますが、リソースのIDは登録されません。そのため複数のリソース

に関連付けて利用することができます。

> **ここが ポイント**
>
> ユーザー割り当てマネージドIDは複数のAzureリソースに割り当てることができます。

　システム割り当て済みマネージドIDを有効にするには、Azure portalで、該当のリソースの［ID］メニューの［システム割り当て済み］タブで［状態］を［オン］にします（図2.31）。すると生成されたオブジェクトID（サービスプリンシパル）が、自動的にMicrosoft Entra IDに登録されます。マネージドIDの特徴は、登録の容易さです。マネージドIDは、該当のリソースの［ID］画面で［状態］を［オン］にするだけでサービスプリンシパルが登録されるため、非常に便利です。

図2.31：マネージドIDの有効化

HINT　マネージドIDをサポートしているAzureのサービス

AzureのリソースをMicrosoft Entra IDに登録したい場合に便利なのが、マネージドIDです。この項の冒頭部分では、アプリケーションのIDを登録することによって作成されるサービスプリンシパルについて説明しました。しかし、マネージドIDをサポートしているリソースを登録する際は、マネージドIDを利用するのが便利です。

マネージドIDをサポートしている主なサービスは次の通りです。
・Azure App Service
・Azure Container Instances
・Azure SQL
・Azure Virtual Machines
・Azure Virtual Machine Scale Sets

その他のマネージドIDをサポートしているサービスを確認したい場合は、次のマイクロソフトの公式ドキュメントを参照してください。

「マネージド IDを使用して他のサービスにアクセスできるAzureサービス」
https://learn.microsoft.com/ja-jp/azure/active-directory/managed-identities-azure-resources/managed-identities-status

次に、仮想マシンがSQLデータベースの接続に接続文字列を使用し、その接続文字列をAzure Key Vaultサービスに格納している構成例を見ていきましょう。

HINT　接続文字列とは

SQLデータベースに接続するには、「接続文字列」などの情報が必要です。接続文字列は、接続先のサーバーやデータベース名、データベースに使用するユーザーIDやパスワードの情報などで構成されます。

HINT　Azure Key Vault

Azure Key Vaultサービスとは、パスワード、暗号化のキー、証明書、アプリケーションシークレット（アプリケーションにアクセスするための資格情報）などセキュアな情報を格納するためのサービスです。金庫を思い浮かべていただくとイメージしやすいかも知れません。Azure Key Vaultに格納したデータは、許可されているIDのみアクセスができます。

SQLデータベースにアクセスするには接続文字列などの情報が必要になりますが、それをKey Vaultサービスのキーコンテナー（セキュアな情報を格納するため

の器）に入れているとします。仮想マシンがSQLデータベースにアクセスするには、仮想マシンがKey Vaultサービスのキーコンテナーから接続文字列情報を取り出す必要があります。しかし、仮想マシンがキーコンテナーから接続文字列を取り出すには、キーコンテナーのアクセスポリシーで仮想マシン自体にアクセス許可が割り当てられている必要があります。

　その際に使用するのが、仮想マシンのマネージドIDです。仮想マシンのID（サービスプリンシパル）がMicrosoft Entra IDに登録されていると、仮想マシンはユーザーと同じようにMicrosoft Entra IDに認証と承認を行ってもらうことができます。そして、適切なアクセス許可が設定されていれば、キーコンテナーから接続文字列を取り出して、その情報を利用してSQLデータベースにアクセスできます（図2.32）。

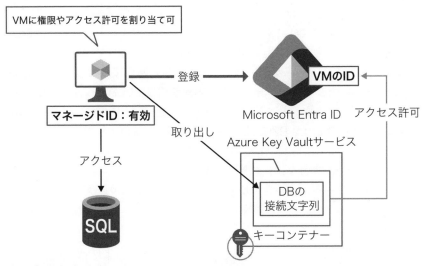

図2.32：マネージドIDの利用例

Azureリソースは、マネージドIDを使用して、Azureのサービスにアクセスすることができます。

Azure Key Vaultには、SQLデータベースへ接続するために必要な接続文字列や、アプリケーションにアクセスするための資格情報（アプリケーションシークレット）などを格納できます。

2.2.6 Microsoft Entra B2C（Azure AD B2C）

Microsoft Entra B2C:Business to Consumer（Azure AD B2C）とは、「企業－消費者間」のID管理サービスです。

これまで説明してきたMicrosoft Entra ID（Azure AD）は、エンタープライズ向けのID管理基盤であるのに対し、Microsoft Entra B2Cはコンシューマー向けのID管理基盤です。Microsoft Entra IDと同じテクノロジーを使用していますが、全く別のサービスです。たとえば、ショッピングサイトを構築しているとします。ショッピングサイトで買い物をするには、IDを登録してショッピングサイトにサインインする必要があります。しかし、Microsoft Entra B2Cを使用すると、ユーザーはサインアップページから、普段使用しているGoogleアカウントやFacebookなどのアカウントなどでサインアップを行い、買い物をすることができます。Microsoft Entra B2Cでは、主に次の機能が提供されます。

・ユーザー自身でアカウントを登録できる
・ブランドイメージに合わせてサインイン画面のカスタマイズができる
・ユーザー自身で行えるプロフィール変更やパスワード変更（リセット）機能

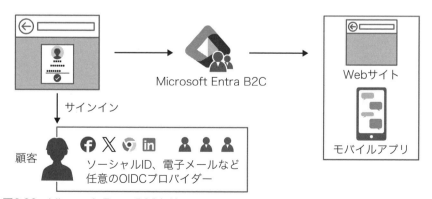

図2.33：Microsoft Entra B2Cとは

Microsoft Entra B2C（Azure AD B2C）では、外部ユーザーがソーシャルIDや電子メールアドレス、任意のOIDCプロバイダーなど、さまざまなIDを使用してサインインすることができます。

Microsoft Entra B2C（Azure AD B2C）は、Microsoft Entra IDと同じテクノロジーを使用していますが、全く別のサービスです。

Microsoft Entra B2C（Azure AD B2C）では、ブランドイメージに合わせたサインイン画面をカスタマイズできます。

2.3 Microsoft Entra ID(Azure Active Directory)の認証機能

　Microsoft Entra ID（Azure Active Directory）はさまざまな認証方法をサポートしており、組織の要件によって使い分けます。Microsoft Entra IDがサポートしている認証法は、次のとおりです。

■パスワード認証
　ユーザー名とパスワードだけを使用する認証方法です。

■多要素認証
　ユーザー名とパスワード、デバイス、生体認証のうち、2つ以上を組み合わせる認証方法です。

■パスワードレス認証
　生体情報やキーペアなどを使用する、パスワードを使用しない認証方法です。

　従来から一般的に使用されているのが、ユーザー名とパスワードを組み合わせて認証を行う、パスワード認証です。しかし、パスワードはパスワードスプレー

攻撃やフィッシング攻撃など、さまざまな攻撃で資格情報が盗まれてしまう危険性があり、パスワードのみの認証は非常に危険と言われています。

　パスワードが盗まれてしまうとシングルサインオンを利用して芋づる式に企業で使用しているさまざまなクラウドサービスにアクセスされてしまう可能性があります。

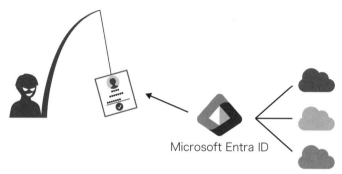

Microsoft Entra ID

図2.34：パスワードを使用した認証は非常に危険

　そこで現在は、ユーザー名とパスワードに、追加の要素を組み合わせて認証を行う「多要素認証」や、盗まれやすいパスワードそのものを使わない「パスワードレス認証」が推奨されています。ここでは、Microsoft Entra IDでサポートしている多要素認証とパスワードレス認証について説明します。

2.3.1　多要素認証（Multi-Factor Authentication）

　多要素認証（Multi-Factor Authentication:MFA）を使用すると、認証にユーザー名とパスワードだけではなく、別の要素を組み合わせることによって、認証を強化することができます。多要素認証では、仮にパスワードが盗まれてしまったとしても、第2要素を実施できないと認証が成功しないため、不正アクセスの可能性を99.9%防止することができると言われています。

　Microsoft Entra ID（Azure AD）も多要素認証機能を提供しており、その機能をMicrosoft Entra MFA（Azure AD MFA）と呼びます。

注意

Azure AD MFAの新しい名称
Azure AD MFAは、Microsoft Entra Multi-Factor Authentication（Microsoft Entra MFA）に変更されます。

Microsoft Entra MFAは、本人のみが知っている情報（ユーザー名とパスワード）とそのユーザーが所有するデバイスを組み合わせて認証を行います。この方法を用いると、仮にパスワードが盗まれてしまったとしても、ユーザーが所有するデバイスがなければサインインは成功しません。

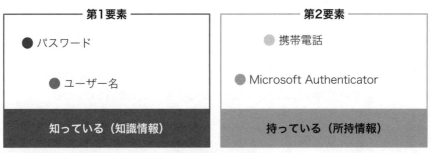

図2.35：Microsoft Entra MFAの第1要素と第2要素

Microsoft Entra MFAが有効になっているユーザーがMicrosoft Entraテナント（Azure ADテナント）にサインインしようとすると、第1要素のユーザー名とパスワードの入力が求められます。第1要素の認証が成功すると、次に第2要素の認証が行われます。第2要素はユーザーが持っているデバイス（携帯電話またはスマートフォンのモバイルアプリ）を使用します。すべての認証が終了すると、Microsoft Entraテナントへのアクセスが許可されます。

ここが
ポイント

Microsoft Entra MFA（Azure AD MFA）の1要素目は、「知っているもの」であるユーザー名とパスワードです。

では、具体的に第2要素の認証方法として使用可能なものを確認します。
Microsoft Entra MFAでは、第2要素として、次のものを使用することができます。

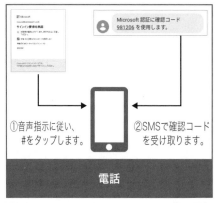

図2.36：Microsoft Entra MFAの第2要素

① 電話

　第1要素の認証が終了すると、事前に登録している電話番号に電話がかかってきます。自動音声の指示に従い、#をタップします（図2.36①）。

② SMS

　第1要素の認証が終了すると、事前に登録している電話番号にSMSメッセージが届きます。メッセージ内の6桁の確認コードを入力します（図2.36②）。

③ Microsoft Authenticatorのワンタイムパスコード

　第1要素の認証が終了すると、Microsoft Authenticatorに現在表示されている6桁のコードの入力が求められます。登録しているスマートフォンのアプリを起動し、その時に表示されている6桁のコードを入力します（図2.36③）。

④ Microsoft Authenticatorの通知

　第1要素の認証が終了すると、画面上に数字が表示されます。それと同じ数字をMicrosoft Authenticatorに入力します（図2.36④）。

　Microsoft Entra IDで多要素認証を利用するには、次の4つの方法を選択できます。

　方法1：セキュリティの既定値群を有効にする
　方法2：ユーザー別の多要素認証

方法3：条件付きアクセスポリシーによるMFAの要求
方法4：Microsoft Entra ID Protection（Azure AD Identity Protection）に
　　　　よるMFAの要求

これらの方法を順番に確認します。

■ セキュリティの既定値群を有効にする

　セキュリティの既定値群とは、マイクロソフトが推奨する基本的なIDセキュリ
ティ設定のセットで、Microsoft Entraテナントが作成されると、このオプショ
ンは既定で有効になります。このオプションが有効になっていると、次の設定が
自動的に適用されます。

● 多要素認証の登録手続きの統一

　テナント内のすべてのユーザーはMFAが自動的に有効になり、14日以内に第
2要素の登録が必要になります。ただし、第2要素として使用できるのは、
Microsoft Authenticatorのみです。

● 管理者の保護

　グローバル管理者やExchange管理者などの管理者権限を持つユーザーは、
第2要素の登録が完了した後、サインインのたびにMFAが求められます。

● すべてのユーザーの保護

　ユーザーが新しいデバイスやアプリを使用してサインインする時や、重要な
役割とタスクを実行する時にMFAが求められます。

● レガシ認証のブロック

　多要素認証をサポートしないような古いプロトコル（たとえばPOPやIMAP
など）による認証要求をすべてブロックします。

ここが
ポイント

Microsoft Entra ID（Azure AD）のセキュリティの既定値群を有効にすると、すべての
ユーザーに対して多要素認証が有効になります。

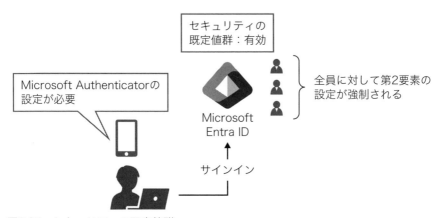

図2.37：セキュリティの既定値群

　セキュリティの既定値群は、すべてのMicrosoft Entra IDライセンスで利用可能で、Microsoft Entra テナント単位で有効化/無効化します。ユーザーごとに個別に有効化することはできません。

ここが
ポイント

セキュリティの既定値群は、すべてのMicrosoft Entra ID（Azure AD）ライセンスで利用可能です。

ここが
ポイント

セキュリティの既定値群を有効にすると、テナント全体に影響します。ユーザーことに個別に有効化することはできません。

　セキュリティの既定値群を有効化/無効化したい場合は、Azure portalの［Microsoft Entra ID］メニューをクリックし、［概要］ページの［プロパティ］タブにある［セキュリティの既定値の管理］をクリックします。表示された［セキュリティの既定値群］ページで構成を変更します（図2.38）。

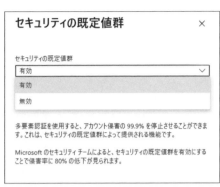

図2.38：セキュリティの既定値群の変更

　セキュリティの既定値群は、有償ライセンスがない環境でもMicrosoft Entra MFAを利用できます。したがって、予算の関係などでMicrosoft Entra IDの有償ライセンスの購入が難しい場合は、セキュリティを高めるためにこのオプションを［有効］にしておくことをお勧めします。

■ ユーザー別の多要素認証

　ユーザーごとにMicrosoft Entra MFAを有効にします。該当ユーザーがサインインするたびに、常にMFAが実行されます。この機能を使用するには、Microsoft Entra ID P1（Azure AD Premium P1）以上のライセンスが必要です。

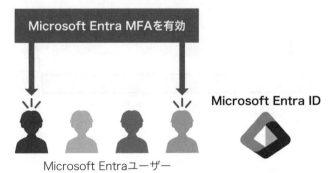

図2.39：ユーザー別の多要素認証

　ユーザーごとにMicrosoft Entra MFAを有効にするには、Microsoft Entra管理センターの［すべてのユーザー］で、［ユーザーごとのMFA］をクリックします（図2.40）。

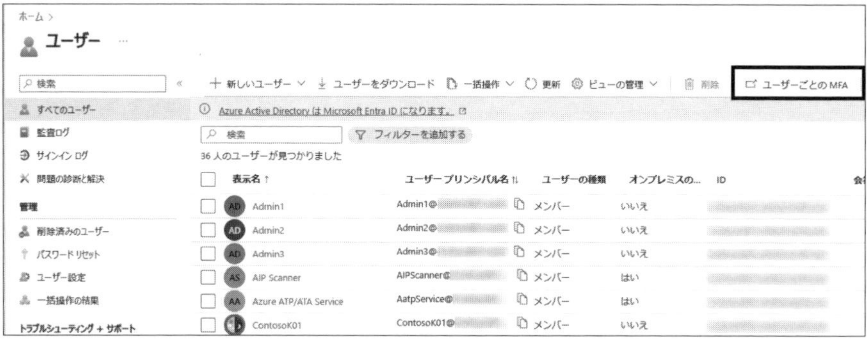

図2.40：ユーザーごとのMFAの有効化

　[多要素認証] ページで、ユーザーの一覧が表示されます。MFAを有効にしたいユーザーを選択して、[有効にする] をクリックします（図2.41）。

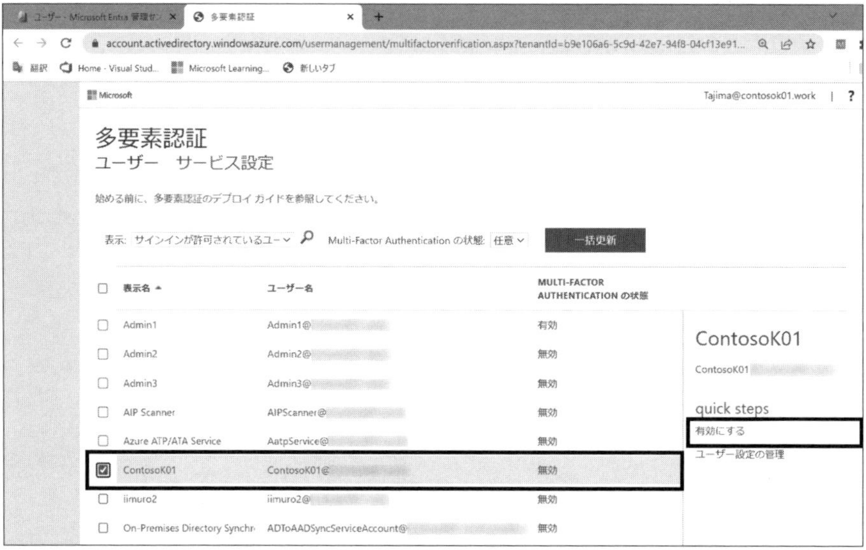

図2.41：ユーザーごとに多要素認証を有効にする

■条件付きアクセスポリシーによるMFAの要求

　条件付きアクセスポリシーで、指定した条件に合致した場合、MFAを実行します。たとえば、社外からMicrosoft 365にアクセスする場合に、MFAによる認証に成功したらアクセスを許可するといった構成ができます。条件付きアクセスを使用するには、Microsoft Entra ID P1以上のライセンスが必要です。条件付き

アクセスについての詳細は、「2.4.1 条件付きアクセス」を参照してください。

■Microsoft Entra ID Protection（Azure AD Identity Protection）によるMFAの要求

Microsoft Entra ID Protection（Azure AD Identity Protection）は機械学習を使用して、攻撃者からの脅威となるようなサインインを検出するサービスです。ID Protectionにより、リスクの可能性のあるサインインを検出した場合に自動的にMFAを要求するように構成できます。Microsoft Entra ID Protectionを使用するには、Microsoft Entra ID P2（Azure AD Premium P2）ライセンスが必要です。Microsoft Entra ID Protectionについての詳細は「2.5.3 Microsoft Entra ID Protection」を参照してください。

2.3.2 パスワードレス認証

パスワードレス認証は、デバイスや生体認証、キーペアなどを組み合わせて行うセキュリティの高い認証方法で、Microsoft Entra ID（Azure AD）では、次の3つをサポートしています。

- ・Windows Hello for Business
- ・Microsoft Authenticator
- ・FIDO2のセキュリティキー

ここでは、上記に記載した3つのパスワードレス認証について解説します。

■Windows Hello for Business

Windows Helloは、本人しか持ちえない情報（生体情報またはPINコード）と本人が持っているデバイスを利用してWindows10/11のデバイス（ローカル）にサインインする仕組みです。

Windows Helloはパスワードの代わりに生体情報（顔、虹彩、指紋）を使用して認証を行います。

また、カメラなどデバイスの故障で生体認証が行えない場合に備えて、数字4桁以上のPINコードによる認証もサポートしています。

図2.42：Windows Hello

ここが
ポイント

生体情報やPINコードは、ユーザーのローカルデバイスにのみ保存されます。

　Windows Helloはローカルデバイスに生体情報を使用してサインインする認証方法ですが、同じように生体情報（またはPINコード）を使ってMicrosoft Entra IDにサインインできるのが、Windows Hello for Businessです。

　Windows Hello for Businessを利用するには、ユーザーのデバイスをMicrosoft Entra IDに参加させる必要があります。

　デバイスがMicrosoft Entra IDに参加すると、秘密鍵と公開鍵のキーペアが生成され、秘密鍵はユーザーのデバイス、そして公開鍵はMicrosoft Entra IDに格納されます。Microsoft Entra IDでWindows Hello for Businessの認証が開始されると、暗号化された状態でデバイスに格納されていた秘密鍵を、顔認証などで取り出すことができます。Microsoft Entra IDから送信された文字列に取り出した秘密鍵で署名を行い、それをMicrosoft Entra IDに送信します。Microsoft Entra IDはデバイスとの間で共有していた公開鍵を利用して署名の検証を行い、正しいユーザーから送信されていることを確認します。

図2.43：Windows Hello for Businessの認証プロセス

　Windows Hello for BusinessもWindows Helloと同様にカメラの不調などで

生体認証ができない場合を考慮して、PINコードによる認証もサポートしています。パスワードを使わないパスワードレス認証、特にPINコードを使うパスワードレス認証は通常のパスワード認証より危険に感じるかもしれませんが、実は、通常のパスワード認証よりも安全です。仮に悪意のあるユーザーにPINコードが盗まれてしまったとしても、秘密鍵はデバイスで厳重に管理されており、リモートからアクセスできません。秘密鍵が保存されているデバイスに直接PINコードを入力することで、デバイスから秘密鍵を取り出すことができ、その秘密鍵が取り出せないとMicrosoft Entra IDにサインインすることができません。

Windows HelloやWindows Hello for Businessで使用可能な生体認証の方法は、顔、虹彩、指紋、PINコードです。

Windows Hello for Businessのパスワードレス認証に使用されるユーザーの生体認証の方法は、顔、虹彩、指紋です。デバイスが生体認証に対応していない場合は、代わりにPINを使うこともできます。

Windows Hello for Businessで使用される生体データは、ユーザーのローカルデバイスにのみ保存されます。ユーザーが複数のデバイスを利用している場合でも、資格情報のローミングは行われません。

■ Microsoft Authenticator

Microsoft Authenticatorは、iOSやAndroidなどのスマートフォンにインストールして使用する認証アプリで、「2.3.1 多要素認証」で説明した多要素認証のほか、パスワードレス認証でも使用することができます。

Microsoft Authenticatorのパスワードレス認証を構成しているユーザーがMicrosoft Entra IDの［サインイン］画面にユーザー名を入力すると、パスワード入力が求められる代わりに、［サインインの承認］画面で数字が表示されます（図2.44）。

図2.44：Authenticatorによるパスワードレス認証①

　次にスマートフォンでMicrosoft Authenticatorアプリを起動すると、Microsoft Entra IDによって生体認証（またはPINコード）が求められます。生体認証が通ると、アプリ上に図2.45のような画面が表示されるので、［サインインの承認］の画面に表示されたのと同じ数字を入力して［はい］をタップするとサインインが完了します。

図2.45：Authenticatorによるパスワードレス認証②

■FIDO2のセキュリティキー

FIDO2（ファイドツー）とは、マイクロソフトやGoogleなどの多くの企業が参加しているFIDOアライアンスと呼ばれる標準規格策定団体が策定した生体認証技術のことです。FIDO2セキュリティキーは業界標準のパスワードレス認証で、小さなデバイスをUSB Type-AポートやUSB Type-Cポートに挿して使用します。

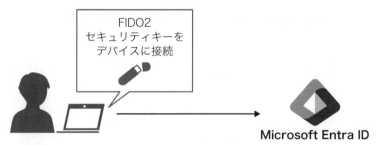

図2.46：FIDO2セキュリティキーによるパスワードレス認証

> Microsoft Entra ID（Azure AD）はパスワードレス認証として、Windows Hello for Business、Microsoft Authenticator、FIDO2セキュリティキーをサポートしています。

これまで説明してきたように、Microsoft Entra IDは、パスワード認証のほか、多要素認証、パスワードレス認証をサポートしています。前述したように、パスワードは非常に盗まれやすいため、ユーザー名とパスワードの組み合わせによるパスワード認証は非常に危険です。したがって、ユーザー名とパスワードの認証にユーザーが持っているデバイスを組み合わせて認証を行う多要素認証か、または盗まれやすいパスワード自体を使わないパスワードレス認証を使うことが推奨されています。しかし、多要素認証は安全な反面、第2要素の対応に手間がかかりユーザーにとって操作性の良い認証方法とは言えません。したがって利用できるデバイスに制約はありますが、パスワードを使わず、ユーザーにとって手間がかからないパスワードレス認証が最もお勧めです。

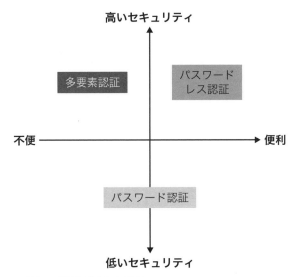

図2.47：パスワードレス認証が最もお勧め

2.3.3 セルフサービスによるパスワードリセット

　セルフサービスパスワードリセット（Self Service Password Reset：SSPR）とは、ユーザーがパスワードを自分自身でリセットできるようにする機能です。一般的にパスワードが分からなくなりサインインできなくなってしまった場合は、管理権限を持つユーザーにリセットを依頼します。しかし、SSPRが有効になっていると、管理者に依頼しなくてもユーザーが必要に応じて自分自身でリセットできるため、管理者によるリセット作業を待つ必要がありません。

　SSPRにより、ユーザーは必要な時に自身でパスワードをリセットできるため、ユーザーは即座に業務を再開でき、管理者はユーザーのパスワードリセット要求に対応する必要がなくなるため、管理者の負担を減らすこともできます。

図2.48：セルフサービスパスワードリセット

SSPRの設定は、次の流れで行います。

① **SSPRの有効化**
SSPRは既定で無効になっているため、有効化する必要があります。SSPRの有効化はMicrosoft Entra管理センターの［保護］→［パスワードリセット］→［プロパティ］でリセットを許可する対象を指定します（図2.49）。

［プロパティ］画面では、次の3種類から選択できます。

・なし
既定値です。これが選択されていると、パスワードをリセットできるのは管理権限を持つユーザーのみです。

・選択済み
特定のグループのメンバーにのみ、セルフサービスパスワードリセットを許可します。

・すべて
全ユーザーにセルフサービスパスワードリセットを許可します。

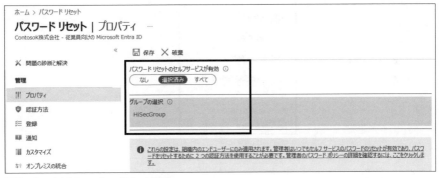

図2.49：SSPRのプロパティ画面

図2.49では、「HiSecGroup」のメンバーにのみ、パスワードのリセットが許可されています。

②　本人確認の方法を定義

　　パスワードのリセットを許可するには、ユーザーが正しいユーザーであることを確認する必要があります。

　　パスワードが分からなくなっているユーザーに安易にパスワードのリセットを許可してしまうと、悪意のあるユーザーにパスワードをリセットされてしまう可能性があります。そこで、［パスワード リセット］の［認証方法］メニューで、本人確認の方法を定義できます（図2.50）。

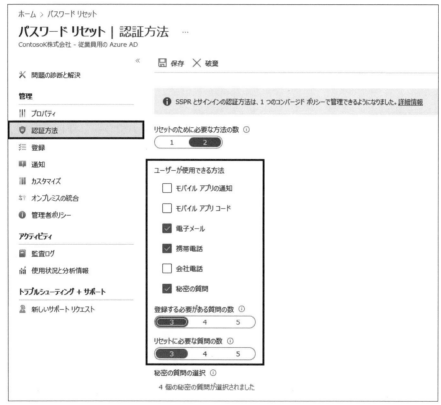

図2.50：SSPRの認証方法画面

　　1つまたは2つの方法を使用して本人確認を行います。ユーザーは［認証方法］画面で選択されているものの中から自由に選択できます。SSPRの本人確認の方法として、次の6種類がサポートされています。

方法	説明
モバイルアプリの通知	Microsoft Authenticatorの通知オプションを利用
モバイルアプリコード	Microsoft Authenticatorのワンタイムパスコードを利用
電子メール	事前に登録しているメールアドレスに自動配信される6桁のコードを入力
携帯電話（SMS）	事前に登録している携帯電話のSMSに自動配信される6桁のコードを入力
会社電話	事前に登録している電話番号に電話が発信されるので、自動音声に従い＃のキーをタップ
秘密の質問	事前に登録している質問の回答と同じものを入力

表2.2：SSPRの本人確認の方法

SSPRが有効になると、次にユーザーがサインインしたタイミングで、本人確認に必要な情報の入力が求められます。ユーザーは指示に従い、表2.2に記載した方法の中から1つまたは2つの情報を登録すると、次にパスワードリセットが必要になった時にその情報を利用して自身のパスワードがリセットできるようになります。

ここが
ポイント

リセットする際に使用可能な認証方法には、モバイルアプリの通知、モバイルアプリコード、電子メール、携帯電話（SMS）、会社電話、秘密の質問があります。

パスワードが分からなくなりリセットしたい場合は、パスワードを入力する画面の［パスワードを忘れた場合］をクリックします（図2.51）。

図2.51：パスワードのリセット①

　次に［アカウントを回復する］画面が表示され、事前に指定している情報を使用して本人確認を行い、本人であることが確認できたら、新しいパスワードを入力することができます（図2.52）。

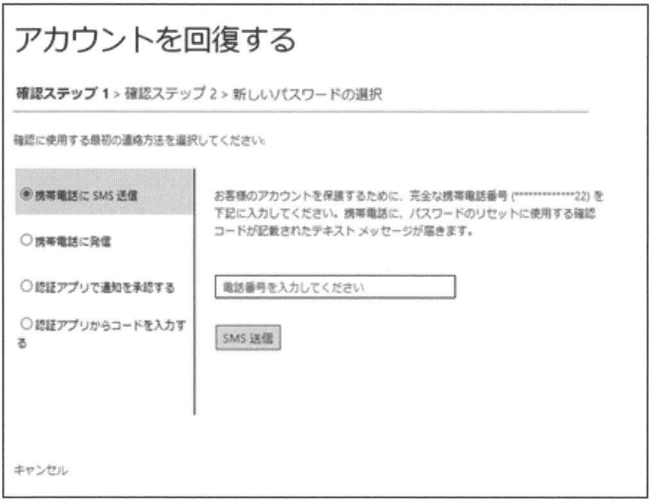

図2.52：パスワードのリセット②

2.3.4 Microsoft Entra ID(Azure AD)で利用できるパスワード保護と管理機能

　Microsoft Entra ID（Azure AD）にはパスワードポリシーがあり、Microsoft Entra IDに登録されている組織のユーザーアカウントに対して適用されます。ただし、ディレクトリ同期によってオンプレミスから同期されたユーザーアカウントやゲストユーザーに対しては、パスワードポリシーは適用されません。Microsoft Entra IDにユーザーアカウントを登録すると、次の既定のパスワードポリシーが適用され、要件を満たさないパスワードは指定できないようになっています。

　Microsoft Entra IDのパスワードポリシーは次のような構成になっており、一部を除いて変更できないようになっています。

プロパティ	必要条件
使用できる文字	・英数字：A〜Z、a〜z、0〜9 ・記　号：@ # $ % ^ & * - _ ! + = [ ] { } | \ : ' , . 　?/ ` " ~ ( ) ; ・空白
使用できない文字	Unicode文字
パスワードの制限	・8文字以上256文字以下 ・次の4つのうち3つが必要：大文字、小文字、数字、記号
パスワードの有効期限	既定値：90日（変更可能）
パスワードの期限切れの通知	既定値：14日（変更可能）
パスワードの有効期限	既定値：false
パスワードの変更履歴	前回のパスワードを再度使用することはできない
パスワードリセット履歴	ユーザーがパスワードを忘れてリセットする場合は、前回と同じパスワードを設定できる

表2.3：Microsoft Entra IDのパスワードポリシー

また既定では、パスワード入力を誤って10回連続でサインインに失敗すると、そのアカウントは1分間ロックアウトされます。Microsoft Entra IDのアカウントロックアウト機能は「スマートロックアウト」と呼ばれ、攻撃者からのサインイン試行のみをカウントし、正規ユーザーのサインインの失敗をロックアウトしない仕組みになっています。

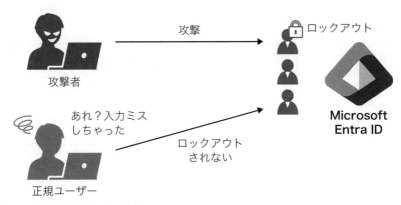

図2.53：スマートロックアウト

　Microsoft Entra IDは、さまざまなセキュリティ情報を分析し、一般的に使用されやすいパスワードや脆弱なパスワードなどを「グローバル禁止パスワードリスト」に登録しています。このグローバル禁止パスワードリストに登録されている文字列はパスワードとして使用できないようになっており、セキュリティの観点からどのような文字列が含まれているかは公表されていません。

　さらに、Microsoft Entra ID P1（Azure AD Premium P1）以上のライセンスを所有している場合、組織独自の禁止パスワードリストも使用することができます。組織でパスワードに使わせたくない文字列（社名や商品名など）がある場合に使用します。これを「カスタム禁止パスワードリスト」と呼びます。

　カスタム禁止パスワードリストに文字列を登録すると、登録された文字列がそのまま禁止されるだけではなく、大文字と小文字や、一般的な文字置換（0の場合はoなど）などが自動的に考慮されるようになっています。たとえば、カスタム禁止パスワードリストに、「password」という文字列を登録した場合は、「password」のほか、「PASSWORD」「Password」「P@ssw0rd」なども拒否されます。

　カスタム禁止パスワードリストは、Microsoft Entra管理センターの［保護］メニューで［認証方法］から構成できます（図2.54）。

図2.54：パスワード保護画面

　同じ画面では、カスタムのスマートロックアウトのしきい値とロックアウトの期間も設定できます。これらの項目を使用するにはMicrosoft Entra ID P1（Azure AD Premium P1）以上のライセンスが必要です。

　また［パスワード保護］画面には、［Windows Server Active Directoryのパスワード保護を有効にする］オプションがあります。これは、カスタム禁止パスワードリストに登録した文字列を、オンプレミスのAD DSでも禁止したい場合に使用するオプションです（図2.55）。

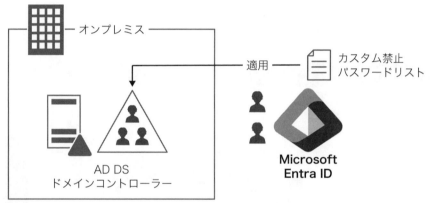

図2.55：カスタム禁止パスワードリストのAD DSへの適用

ポイント

Microsoft Entra IDのパスワード保護のカスタム禁止パスワードリストを使用すると、ユーザーが特定の文字列をパスワードに使用するのを禁止できます。この機能を使用するには、Microsoft Entra ID P1（Azure AD Premium P1）以上のライセンスが必要です。

2.4 Microsoft Entra ID(Azure Active Directory)のアクセス管理機能

　ここでは、各アプリへのアクセスにさまざまな条件を付けて制御する「条件付きアクセス」と管理者権限の割り当ての仕組みである「ロールベースのアクセス制御（RBAC）」について説明します。

2.4.1　条件付きアクセス

　クラウドを利用するメリットとして、インターネットに接続していれば、どこからでもどのデバイスからでもアクセスできるというものがあります。しかし、ユーザーが使用するアプリによってセキュリティ要件が異なり、アクセスにさまざまな条件を設けたい場合があります。

　Microsoft Entra ID P1（Azure AD Premium P1）以上のライセンスで使用可能となる「条件付きアクセス」を使用すると、アクセスするアプリごとに「ユーザーがいる場所」「ユーザーが使用しているデバイス」などのさまざまな条件を設けて、アプリへのアクセスを制御することができます（図2.56）。

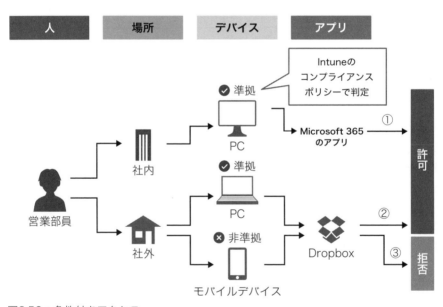

図2.56：条件付きアクセス

　たとえば、営業部のユーザーがMicrosoft 365のアプリにアクセスする際、社内から会社のセキュリティ要件に準拠しているPCを使用している場合にのみ許可するように、条件付きアクセスポリシーを構成できます（図2.56①）。

　またDropboxへのアクセスは、社外から会社のセキュリティ要件に準拠しているPCでアクセスしている場合にアクセスを許可し（図2.56②）、準拠していない

モバイルデバイスからアクセスしている場合は拒否するように構成することもできます（図2.56③）。

　条件付きアクセスは、Microsoft Intuneのコンプライアンスポリシーにデバイスが準拠しているかどうかで、アクセスを許可または拒否することができます。

HINT Microsoft Intuneのコンプライアンスポリシー

Microsoft Intuneは、クラウドベースのエンドポイント管理ソリューションで、ユーザーが使用しているデスクトップPCやモバイルデバイスなど、さまざまなデバイスを管理できます。Intuneにはコンプライアンスポリシーがあり、どのようなデバイスが組織のコンプライアンス要件を満たしているのかを指定できます。コンプライアンスポリシーでは、主に次のような項目を定義できます。

・BitLockerが必要
・最小OSバージョン
・最大OSバージョン
・ウイルス対策
・スパイウェア対策
・Microsoft Defenderマルウェア対策
・モバイルデバイスのロックを解除するときにパスワードを要求する

コンプライアンスポリシーの内容を満たしていないデバイス構成の場合、非準拠デバイスとみなされます。

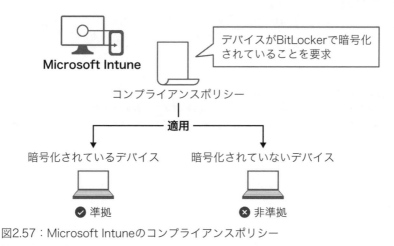

図2.57：Microsoft Intuneのコンプライアンスポリシー

　Intuneはデバイスがコンプライアンスポリシーに準拠しているかを判定し、その結果をMicrosoft Entra IDに伝えます。条件付きアクセスは、その判定結果をもとにアクセスを許可、拒否することができます（図2.58）。

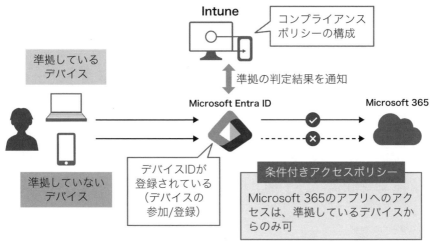

図2.58：Microsoft Intuneのコンプライアンスポリシーを組み合わせた場合の条件付きアクセス

> 条件付きアクセスポリシーは、デバイスがMicrosoft Intuneのコンプライアンスポリシーに準拠しているかどうかでアクセスを許可、拒否することができます。

> Microsoft Intuneでは、AndroidやiOSなどのデバイスも管理できます。
> また組織が所有するデバイスだけでなく、個人が所有するデバイスを登録して管理することもできます。

　条件付きアクセスポリシーでは、ユーザーに対する第一段階の認証が完了し正当なユーザーと判断されたユーザーに対して、アプリケーションへのアクセスをきめ細かく制御できます（図2.59）。これは認証が完了しているユーザーであったとしても、アプリにアクセスする度にユーザーがいる場所、ユーザーが使用しているデバイスの状態などを検証し、都度アクセスを許可するかどうかが判断さ

れます。

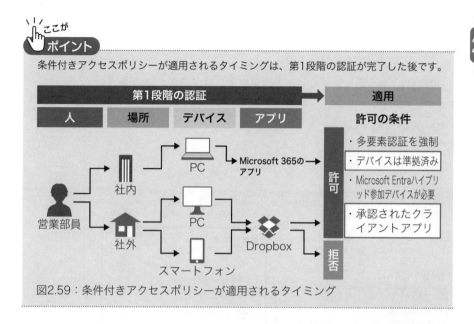

ここが
ポイント

条件付きアクセスポリシーが適用されるタイミングは、第1段階の認証が完了した後です。

図2.59：条件付きアクセスポリシーが適用されるタイミング

　次に、条件付きアクセスポリシーの構成方法を説明します。条件付きアクセスポリシーを構成する際に使用する要素は、次の通りです。

■「誰が」

　条件付きアクセスポリシーの［ユーザー］では、ポリシーの適用対象を指定することができます。

●すべてのユーザー

　Microsoft Entra IDに登録されているすべてのユーザーを適用対象にすることができます。

●ゲストまたは外部ユーザー

　B2Bコラボレーションユーザーやゲストユーザーなどを適用対象にすることができます。

● ディレクトリロール

　グローバル管理者など、特定のロールを持つユーザーを適用対象にすることができます。

● ユーザーとグループ

　指定したユーザーやグループを適用対象にすることができます。

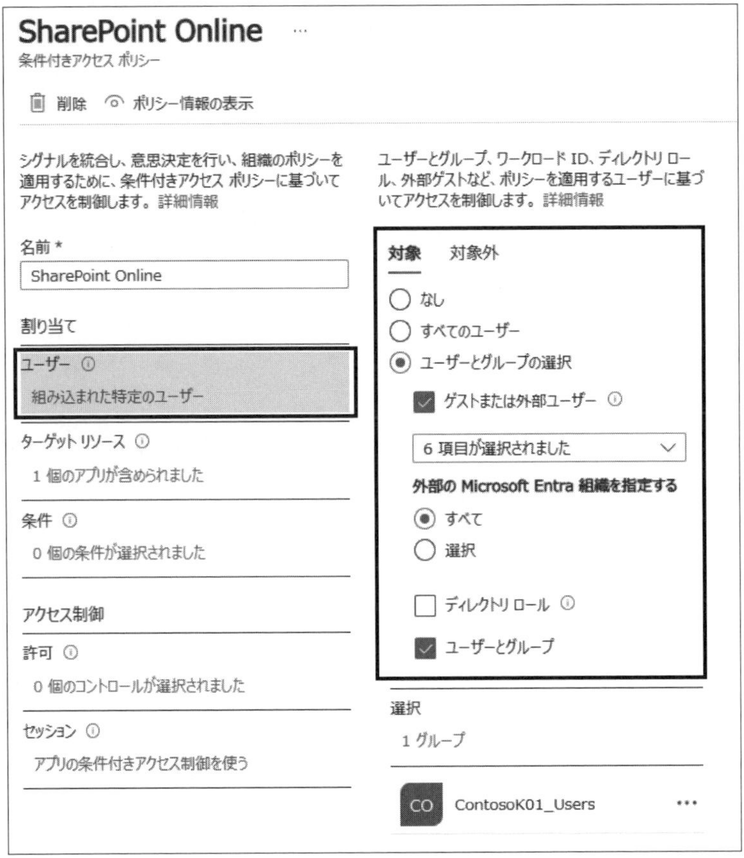

図2.60：条件付きアクセスポリシーの［ユーザー］

■ 「何を」

　条件付きアクセスポリシーの［ターゲットリソース］では、このポリシーの対象となる［クラウドアプリ］や［ユーザー操作］を指定できます。

図2.61：条件付きアクセスポリシーの［ターゲットリソース］

● クラウドアプリ

クラウドアプリでは、Microsoft Entra IDに既定で登録されているOffice 365などのアプリのほか、追加で登録したサードベンダーのクラウドアプリ、オンプレミスのWebアプリなども指定できます。

● ユーザー操作

ユーザーのセキュリティ情報（Microsoft Entra MFAやセルフサービスパスワードリセットで使用する本人確認を行うための情報）をいつどのように行えるかを細かく制御できます。たとえば、セルフサービスパスワードリセットで利用する携帯電話番号などの登録は、信頼できる社内ネットワークからのみ許可することができます。

■ 「どのように」

条件付きアクセスポリシーの［条件］では、アクセスを許可、または拒否する際の条件を指定できます。

83

● ユーザーリスクとサインインリスク

　Microsoft Entra ID Protection（Azure AD Identity Protection）で検出した
リスクレベルによって、アクセスを許可/拒否することができます。たとえば、
「サインインリスクが中以上だったら、アクセスを拒否する」などの構成ができま
す。

 Microsoft Entra ID Protectionについては、第2章の「2.5.3 Microsoft Entra ID
Protection」を参照してください。

● デバイスプラットフォーム

　ユーザーのデバイスのプラットフォーム（OSの分類）によって、アクセスを許
可/拒否することができます。デバイスのプラットフォームの条件として、Android、
iOS、Windows、macOSなどを使用できます。

● 場所

　ユーザーがいる場所によって、アクセスを許可/拒否することができます。場所
は、事前に条件付きアクセスの［ネームドロケーション］で登録する必要があり
ます。場所は主に、組織のオフィス（東京オフィス、大阪オフィスなど）や国を
登録できます。条件付きアクセスポリシーで場所を条件として指定することによ
り、信頼された場所からアクセスしている場合のみアクセスを許可することがで
きます。

● クライアントアプリ

　使用を許可/拒否したいクライアントアプリの種類を指定します。

● デバイスのフィルター

　デバイスの状態によって、アプリへのアクセスを許可/拒否することができま
す。たとえば、デバイスIDや特定のデバイス名、Microsoft Entra IDの登録の状
態などを指定することができます。

SharePoint Online ···
条件付きアクセス ポリシー

🗑 削除　◎ ポリシー情報の表示

シグナルを統合し、意思決定を行い、組織のポリシーを
適用するために、条件付きアクセス ポリシーに基づいて
アクセスを制御します。詳細情報

リスク、デバイス プラットフォーム、場所、クライアント アプ
リ、またはデバイスの状態などの条件からのシグナルに基
づいて、アクセスを制御します。詳細情報

名前 *

| SharePoint Online |

割り当て
───────

ユーザー ⓘ
───────
　組み込まれた特定のユーザー

ターゲット リソース ⓘ
───────
　1 個のアプリが含められました

条件 ⓘ
　0 個の条件が選択されました

アクセス制御
───────

許可 ⓘ
───────
　0 個のコントロールが選択されました

セッション ⓘ
───────
　アプリの条件付きアクセス制御を使う

ユーザーのリスク ⓘ

　未構成

サインインのリスク ⓘ

　未構成

デバイス プラットフォーム ⓘ

　未構成

場所 ⓘ

　未構成

クライアント アプリ ⓘ

　未構成

デバイスのフィルター ⓘ

　未構成

ポリシーの有効化
レポート専用　オン　オフ

図2.62：条件付きアクセスポリシーの［条件］

■ 「アクセスを許可または拒否」

　条件付きアクセスポリシーの［許可］では、ポリシーで指定した内容に一致す
るアクセス要求がきたときに、「アクセスをブロックするか」または「アクセスを
許可するか」を指定できます。さらにアクセスを許可する際の要件も指定するこ
とができます。

　許可する際に使用できる主な要件は次の通りです。

85

● 多要素認証を要求する

アクセスする際に多要素認証が要求されます。

● デバイスは準拠しているとしてマーク済みである必要があります

ユーザーが使用しているデバイスが、Microsoft Intuneのコンプライアンスポリシーに準拠している場合は、アクセスが許可されます。

● Microsoft Entraハイブリッド参加済みデバイスが必要

ユーザーが使用しているデバイスが、Microsoft Entra Hybrid参加（Hybrid Azure AD参加）していればアクセスが許可されます。

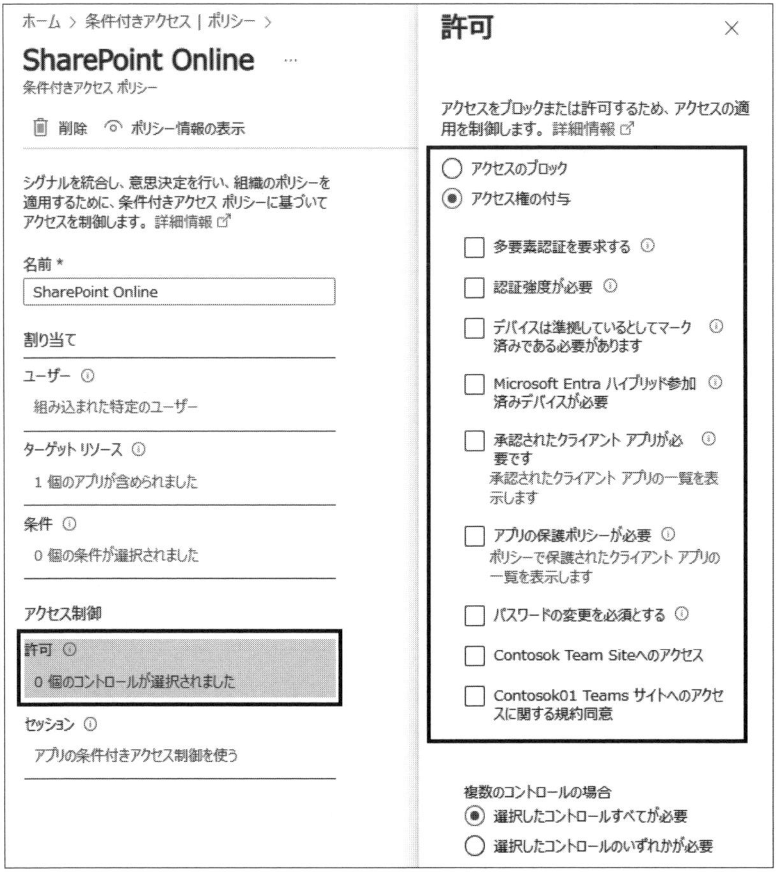

図2.63：条件付きアクセスポリシーの［許可］

条件付きアクセスポリシーの［ユーザー］で、特定のグループのメンバーがアプリにアクセスする際に多要素認証を強制することができます。

条件付きアクセスポリシーの［条件］では、Microsoft Entra ID Protection（Azure AD Identity Protection）のリスクレベル（ユーザーリスクとサインインリスク）を使用することができます。

■ 「接続中の制御」

　条件付きアクセスポリシーの［セッション］は、クラウドアプリへのアクセス後に、ユーザーのアクティビティを制限することができる設定で、Microsoft Defender for Cloud Appsと連携して動作させることができます。たとえば、Microsoft Defender for Cloud Appsのセッションポリシーを使用して、会社所有のデバイスからのアクセス以外は、Teamsでチャットの送信をできないようにするといったことが可能です。

図2.64：条件付きアクセスポリシーの［セッション］

　図2.64では、条件付きアクセスポリシーの［セッション］で、［アプリの条件付きアクセス制御を使う］が有効になっており、［カスタムポリシーを使用する］が選択されています。カスタムポリシーは、Microsoft Defender for Cloud Appsで定義します。Microsoft 365 Defenderポータルを使用し、Microsoft Defender for Cloud Appsのセッションポリシーで、ユーザーがアプリにアクセスした後に制限したいアクティビティなどを設定します。図2.65では、次の内容のセッションポリシーが構成されています。

■ アクティビティ
・アプリ：Teams
・デバイス：Intuneに準拠、Microsoft Entra Hybrid参加（Hybrid Azure AD参加）、有効な証明書を持っているなどの条件を満たさないデバイス

■ アクション
・ブロック（チャットの送信、印刷、コピー/ペースト）
・ブロック時のカスタマイズされたメッセージ

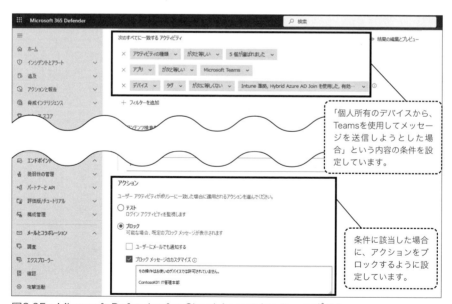

図2.65：Microsoft Defender for Cloud Appsのセッションポリシー

図2.64と図2.65のように条件付きアクセスポリシーの［セッション］を構成すると、ユーザーが条件を満たしていないデバイスからTeamsでチャットを送信しようとすると、次のようなエラーメッセージが表示され送信がブロックされます。

図2.66：チャット送信時のカスタマイズされたメッセージ

ポイント

条件付きアクセスによって許可されたクラウドアプリにアクセスした後のアクティビティをMicrosoft Defender for Cloud Appsのセッションポリシーで制御できます。

2.4.2 Microsoft Entra ID（Azure AD）のロールベースのアクセスコントロール

ユーザーに管理権限を割り当てるには、アクセス許可を付与する必要があります。しかし、アクセス許可は膨大にあり、必要なアクセス許可を1つずつ割り当てるのは非常に困難な作業です。そこで、効率よくユーザーに権限が割り当てられるように、「ロールベースのアクセス制御（Role-Based Access Control：RBAC）」という仕組みが使われており、効率的に権限の割り当てができるようになっています。

RBACは、次の3つの要素で構成されています。

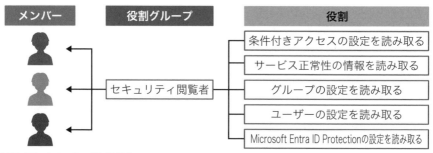

図2.67：RBACの構成要素

■ 役割

役割にはアクセス許可がセットされており、既定で多くの役割が用意されています。

■ 役割グループ（ロール）

役割グループも既定で色々なパターンが用意されており、役割がセットされた状態になっています。たとえば、「セキュリティ閲覧者」という役割グループには、Microsoft Entraテナント内のさまざまなセキュリティ設定を読み取るための多くの役割が付与されています。一例として、図2.67に記載がありますが、この役割が割り当てられると、テナント内の条件付きアクセスの設定を確認できるようになります。

■ メンバー

権限を割り当てたいユーザーにロール（役割グループ）を割り当てます。

HINT　役割グループとロール

役割グループとロールは同じ意味で使用されます。

Microsoft Entra ID（Azure AD）には既定でさまざまなロールが用意されており、それらは主に3つのパターンに分類されます。

■ Microsoft Entra ID固有のロール

Microsoft Entra ID内のリソースだけを管理するアクセス許可が付与されます。

たとえば、ユーザー管理者、グループ管理者、パスワード管理者、条件付きアクセス管理者などです。

■ サービス固有のロール

Microsoft Entra ID以外の主要なMicrosoft 365サービスを管理するアクセス許可が付与されます。たとえば、Exchange管理者、Teams管理者、Intune管理者などです。

■ サービス間ロール

複数のサービスにわたるロールがサービス間ロールです。サービス間ロールに分類されるのが、Microsoft 365全体を管理できるグローバル管理者や、Microsoft 365 DefenderポータルやMicrosoft Defender for Endpointなどが管理できるセキュリティ管理者があります。

グローバル管理者はMicrosoft 365全体を管理できる一番大きな権限を持つロールで、Microsoft 365をサインアップしたユーザーに自動的に割り当てられます。

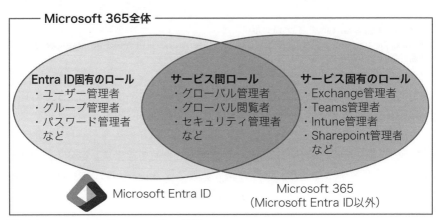

図2.68：Microsoft Entraロールの分類

Microsoft Entra IDに用意されている主要なロールは、次のとおりです。

ロール	代表的な管理操作
グローバル管理者	ほとんどの管理作業が可能です。 すべてのユーザーのパスワードのリセットができるのは、グローバル管理者のみです。
グローバル閲覧者	グローバル管理者が読み取れるものすべての読み取りが可能ですが、更新することはできません。
ユーザー管理者	ユーザーとグループのすべての側面と、制限付きの管理者のパスワードをリセットすることも含めて管理できます。
ヘルプデスク管理者	管理者以外のユーザーとヘルプデスク管理者のパスワードをリセットできます。
パスワード管理者	管理者以外とパスワード管理者のパスワードをリセットできます。

表2.4：Microsoft Entra IDの主なロール

> ### HINT　その他のMicrosoft Entra IDのロール
>
> その他のMicrosoft Entra IDのロールについての詳細は、次のマイクロソフトの公式ドキュメントを参照してください。
>
> 「Microsoft Entra ビルトイン ロール」
> https://learn.microsoft.com/ja-jp/entra/identity/role-based-access-control/permissions-reference

　ロールの割り当ては、Microsoft Entra管理センターやMicrosoft 365管理センターなどから行えます。

　また、必要に応じて自分でロールを作成することもできます。自分で作成するロールを「カスタムロール」と呼びます。カスタムロールの作成もMicrosoft Entra管理センターなどから行えます（図2.69）。

図2.69：カスタムロールの作成

ポイント

必要に応じて、Microsoft Entra ID（Azure AD）でカスタムロールを作成することができます。

■ 管理単位に対するロールの割り当て

　Microsoft Entra IDのロールをユーザーやグループなどに割り当てると、そのユーザーはMicrosoft Entra ID内、またはMicrosoft 365全体にわたって権限が与えられます。しかし、管理単位（Administrative Units:AU）を作成すると、一部のユーザーや一部のデバイスに対する管理権限を委任することができます。

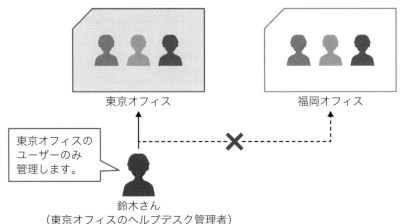

図2.70：管理単位とは

　たとえば、東京オフィスのヘルプデスク管理者への権限の割り当てパターンを考えてみましょう。東京オフィスのヘルプデスク管理者である鈴木さんは、東京オフィスのユーザーのみを管理する必要があります。しかし、ユーザー管理者ロールを割り当ててしまうと、鈴木さんは東京オフィスのユーザーだけではなく、テナント内の全ユーザーを管理できてしまいます。

　そこで東京オフィス用の管理単位を作成し、東京オフィスのユーザーアカウントをその管理単位に追加します。そして、鈴木さんに東京オフィスの管理単位に対するユーザー管理者ロールを割り当てることで、東京オフィスのユーザーのみを管理できるようになります。

　管理単位は、Microsoft Entra管理センターやAzure portalなどから作成できます。

　図2.71は、Microsoft Entra管理センターで作成した東京オフィス用の管理単位です。作成した管理単位には、東京オフィスのユーザーがメンバーとして追加されています。

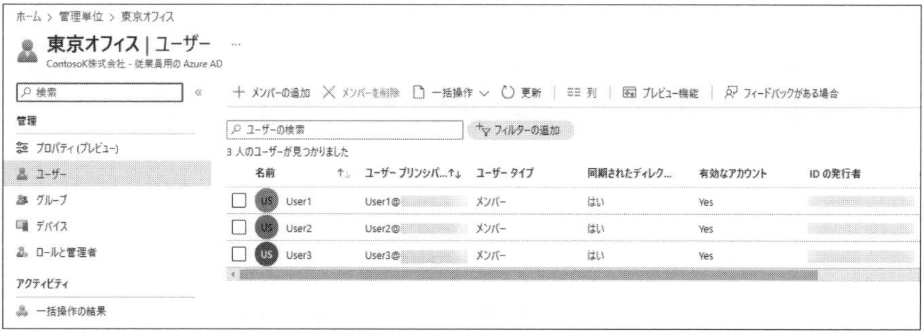

図2.71：東京オフィス用の管理単位のメンバー

そして、この管理単位には、鈴木さんにユーザー管理者ロールが割り当てられています。鈴木さんが管理できるのは東京オフィス管理単位のユーザーのみで、東京オフィス以外のユーザーの管理はできません（図2.72）。

図2.72：東京オフィス管理単位の権限設定

必要最小限の権限を割り当てることはセキュリティの観点から非常に重要なことです。管理権限を割り当てる際は、割り当てるロールの内容のみを考慮するのではなく、管理単位を活用して権限を割り当てる範囲（スコープ）も最小限になるようにしてください。

2.5　Microsoft Entra ID(Azure Active Directory) のアイデンティティ保護とガバナンス機能

　Microsoft Entra ID（Azure AD）には、脅威対策を目的とした以下のような アカウント監視機能がサポートされています。

- ● Microsoft Entra Privileged Identity Management（Azure AD Privileged Identity Management）
  特権の一時付与や特権を持つアカウントを監視します。

- ● アクセスレビュー
  割り当てたロールの使用状況やグループメンバーの棚卸を行います。

- ● Microsoft Entra ID Protection（Azure AD Identity Protection）
  リスクイベントやリスクの高いアカウントを検出します。

　これらはすべて、Microsoft Entra IDの最上位のライセンスであるMicrosoft Entra ID P2（Azure AD Premium P2）で使用可能な機能です。
　ここでは、これらの3つのMicrosoft Entra IDのアカウント監視機能を説明します。

2.5.1　Microsoft Entra Privileged Identity Management: PIM

　「2.4.2 Microsoft Entra ID のロールベースのアクセスコントロール」で説明したように、ユーザーに管理者権限を付与するには、ロールを割り当てます。しかし、通常の方法でロールを割り当てると、24時間365日ロールが割り当てられている状態になり、管理作業を行っていない間（夜間や休暇中）も権限が割り当てられたままになります。権限が常時割り当てられた状態では、ユーザーのIDが盗まれて不正にサインインされてしまった場合、ユーザーに割り当てられている管理者権限を攻撃者に悪用されてしまいます（図2.73）。

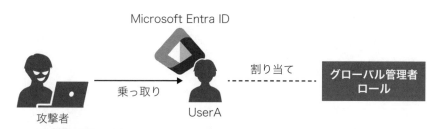

図2.73：特権が割り当てられているユーザーアカウントの乗っ取り

　しかし、Microsoft Entra Privileged Identity Management（Azure AD Privileged Identity Management）を使用すると、作業を行う時にだけユーザーにロールを割り当てることができます。このように常時権限を割り当てるのではなく、必要な時にだけ権限を割り当てると、仮にIDが盗まれ不正にサインインされてしまったとしても、管理権限を悪用される可能性が低くなるため被害を最小限に抑えることができます（図2.74）。

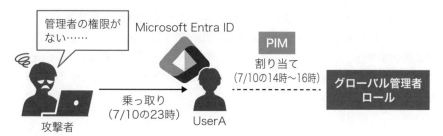

図2.74：PIMによって権限が割り当てられているユーザーアカウントの乗っ取り

　PIMは、Microsoft Entra ID P2（Azure AD Premium P2）のライセンスによって利用可能となるサービスで、さまざまな権限割り当ての仕組みを提供します。PIMの主な機能は次のとおりです。

■ジャストインタイム（Just-In-Time：JIT）アクセスの構成

　PIMを使用すると、ジャストインタイム（Just-In-Time：JIT）アクセスでユーザーに管理者権限を割り当てることができます。JITアクセスとは特権管理などにおいて用いられる方法のことで、ユーザーに対して一時的に特権を割り当てることです。PIMを使用してユーザーに管理者権限を割り当てると、たとえば「ユーザー管理者」ロールを1回に付き2時間だけ割り当てることができます。ロールの割り当ては管理者が行うことも、ユーザーが必要な時に自分自身でロールの割り

当てをアクティブ化することもできます。割り当てられたロールは期間が過ぎると自動的に割り当てが解除され、ユーザーは管理操作ができない状態に戻ります。

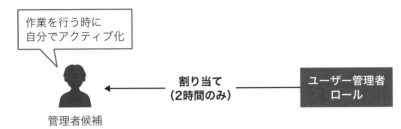

管理者候補

図2.75：JITアクセスによるロールの割り当て

Privileged Identity Management（PIM）は、管理権限のジャストインタイムアクセス（JIT Access）を提供します。

■ロールの割り当てをアクティブ化する際に多要素認証を要求する

PIMを使用すると、ユーザー自身でロールの割り当てをアクティブ化することができますが、アクティブ化の操作を行っているユーザーが本人であるかを検証するために多要素認証を使用できます。この機能により、不正にIDを取得した攻撃者がロールの割り当てをアクティブ化しようとしたとしても、多要素認証が要求され、2要素目に対応できない場合はアクティブ化されません。

■ロールの割り当てをアクティブ化する際に承認を要求

PIMの承認機能を使用すると、ユーザーがロールの割り当てをアクティブ化すると、事前に指定されている承認者にアクティブ化の承認要求が送信され、承認者が承認しない限りはユーザーにロールが割り当てられません。不正にIDを取得した攻撃者が管理者ロールをアクティブ化しようとしても承認者が承認しない限りロールが割り当てられないので、セキュリティを高めることができます。

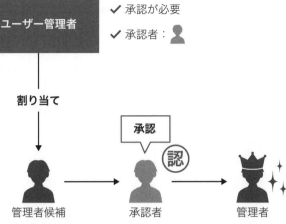

図2.76：PIMの承認機能

 ここが
ポイント

Privileged Identity Management（PIM）は、承認ベースの期限付きのロールの割り当て
を実装します。

2.5.2 アクセスレビュー

「2.5.1 Microsoft Entra Privileged Identity Management:PIM」で説明した
ように、不要な権限の付与はセキュリティリスクになります。Microsoft Entra
IDには「アクセスレビュー」という機能があり、定期的に特権ロールを持つメン
バーやグループのメンバーシップなどをチェックし、必要ないと判断された場合
は特権を剥奪したり、グループのメンバーから外すなどの操作を行うことができ
ます。

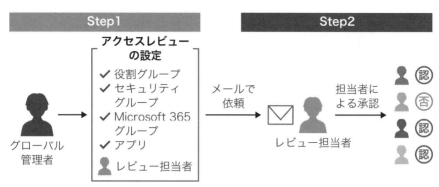

図2.77：アクセスレビュー

ポイント

アクセスレビューを使用すると、定期的に特権ロールを持つメンバーやグループのメンバーシップをチェック（棚卸）することができます。そして不要と判断された場合は、ユーザーからロールを外したり、グループからメンバーを削除することができます。

ここではロールのアクセスレビューについて説明します。アクセスレビュー機能を使用するには、管理者がアクセスレビューを作成します。

アクセスレビューを作成する時に指定する主な項目は次の通りです。

● **レビューの頻度**

アクセスレビューは定期的なサイクルで実行できるため、「やり忘れ」を防ぐことができます。設定できる頻度は、週単位、毎月、四半期、半年、毎年です。

● **レビューするロール**

Microsoft EntraロールやAzureリソースロールの使用状況をレビューできます。

● **レビュー担当者**

ロールの使用状況を理解しているメンバーにレビューを割り当てることができるので、適切にロールの使用状況を棚卸できます。

レビューを作成すると、レビュー担当者にメールでレビューが依頼されます。

レビュー担当者がアクセスレビューを実行すると、ロールの使用状況をログで確認できます。レビュー作業の結果、ロールは不要と判断された場合は、アクセスレビューの画面上からロールを外す操作を行うことができます。

2.5.3 Microsoft Entra ID Protection(Azure AD Identity Protection)

Microsoft Entra ID Protection（Azure AD Identity Protection）は、マイクロソフトのIDに対する脅威対策ソリューションで、マイクロソフトのデータセンターに蓄積された膨大なデータをもとに、ユーザーの普段と異なる怪しいふるまいや侵害されたアカウントを自動的に検出して調査してくれます。

Microsoft Entra ID Protectionは、主に次のような機能を提供します。

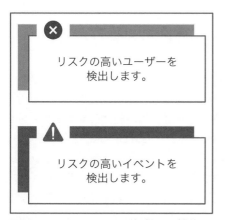
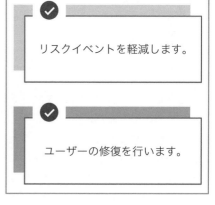

図2.78：ID Protectionが提供する機能

ポイント

Microsoft Entra ID Protection（Azure AD Identity Protection）が提供する機能は、リスクの高いユーザー/リスクの高いイベントの検出と、リスクイベントの軽減とユーザーの修復です。

Microsoft Entra ID Protectionは、蓄積した膨大なデータをもとにリスクの高いユーザーやリスクの高いイベントを検出します。検出されたリスクは、危険度に応じて3段階（高、中、低）のリスクレベルが設定されます。

Microsoft Entra ID Protectionが検出する主なリスクは次の通りです。

■ サインインリスク

サインインリスクとして検出される主なアクティビティは次の通りです。
- ・特殊な移動
- ・マルウェアにリンクしたIPアドレス
- ・疑わしいブラウザー
- ・通常とは異なるサインインプロパティ
- ・悪意のあるIPアドレス
- ・パスワードスプレー
- ・あり得ない移動
- ・新しい国/地域
- ・匿名IPアドレスからのアクティビティ

■ ユーザーリスク

ユーザーリスクとして検出される主なアクティビティは次の通りです。
- ・漏洩した資格情報
- ・Microsoft Entraの脅威インテリジェンス

　たとえば、サインインリスクの「あり得ない移動」は、朝は日本からサインインしていたのに、お昼にヨーロッパなど海外からアクセスしている場合などです。これは、移動にかかる時間を考えるとあり得ないと判断され、怪しいサインインとして検出されます。また、攻撃には一般的に匿名IPアドレスを利用するケースが多いですが、匿名プロキシIPアドレスとして識別されているIPアドレスが検出された場合は、「匿名IPアドレスからのアクティビティ」としてMicrosoft Entra ID Protectionのレポートに表示されます。

　また、資格情報が漏洩すると一般的にそれらの情報は闇サイトなどで取引されます。マイクロソフトはそれらのサイトを監視していて、Microsoft Entra ID（Azure AD）のユーザーアカウントが発見された場合は、それらを漏洩した資格情報としてリスク判定をします。これはユーザーリスクのリスクレベル「高」と設定されます。

ここが
ポイント

Microsoft Entra ID Protection（Azure AD Identity Protection）では、リスクが検出されるとリスクレベル「低」「中」「高」の3段階を割り当てます。

> Microsoft Entra ID Protection（Azure AD Identity Protection）では、アカウントの
> 侵害が検出されます。

Microsoft Entra ID Protectionによって検出されたリスク情報は、ID Protection
のレポートなどで確認できるようになっています。

たとえば、「危険なユーザー」レポートを見てみると、危険と判定されたユー
ザーを確認できます。表示されているユーザー名をクリックすると、そのユー
ザーに関する基本的な情報や、最近の危険なサインインなどを確認することがで
きます。

図2.79：Microsoft Entra ID Protectionのレポート

Microsoft Entra ID Protectionには、リスクイベントの軽減やユーザーの修復
機能があります。これらはポリシーを構成することによって実現します。

ここでは、Microsoft Entra ID Protectionが提供する2つのポリシーを説明し
ます。

■ ユーザーリスクポリシー

ユーザーリスクとは、IDが侵害されている確率の計算です。

管理者はユーザーリスクポリシーを構成することにより、ユーザーリスクのリ
スクレベルに基づいてアクセスを許可/拒否することができます。たとえば、ユー
ザーリスクが「高」の場合は、自動的にアクセスをブロックするように構成でき

ます。またアクセスを許可する場合でも、Microsoft Entra IDのセルフサービスパスワードリセット（SSPR）を使用してパスワードの変更をさせることもできます。

図2.80：ユーザーリスクポリシー

■ サインインリスクポリシー

　サインインリスクとは、リアルタイムとオフラインの両方で各サインインからのシグナルを分析し、ユーザー本人によるサインインが行われなかった確率の計算です。

　管理者はサインインリスクポリシーを構成することにより、サインインリスクのリスクレベルに基づいてアクセスを許可/拒否することができます。たとえば、サインインリスクが「高」の場合は、自動的にアクセスをブロックしたり、アクセスを許可する場合でも多要素認証を要求し、本人確認を厳重に行うことができます。

図2.81：サインインリスクポリシー

ここが
ポイント

Microsoft Entra ID Protectionは、サインインリスクに応じて多要素認証を強制することができます。

ID Protectionによって検出されたリスクイベントの情報は、AzureのLog Analyticsワークスペースやストレージアカウント、パートナーソリューションのシステムにエクスポートして長期保存することができます。

HINT Log Analyticsワークスペースとストレージアカウント

AzureのLog Analyticsを利用して詳細なログ分析を行うには、ログを格納する専用の器が必要です。これがLog Analyticsワークスペースです。Microsoft Entra ID Protectionで検出したリスクイベントの情報をLog Analyticsワークスペースに格納するように設定すると、イベント情報の長期保存が可能です。またAzureのストレージアカウントに格納することもできます。

　Microsoft Entra ID Protectionで検出したリスクイベント情報をLog Analyticsワークスペースなどに保存するには、Microsoft Entra管理センターの［診断設定］メニューから行います。

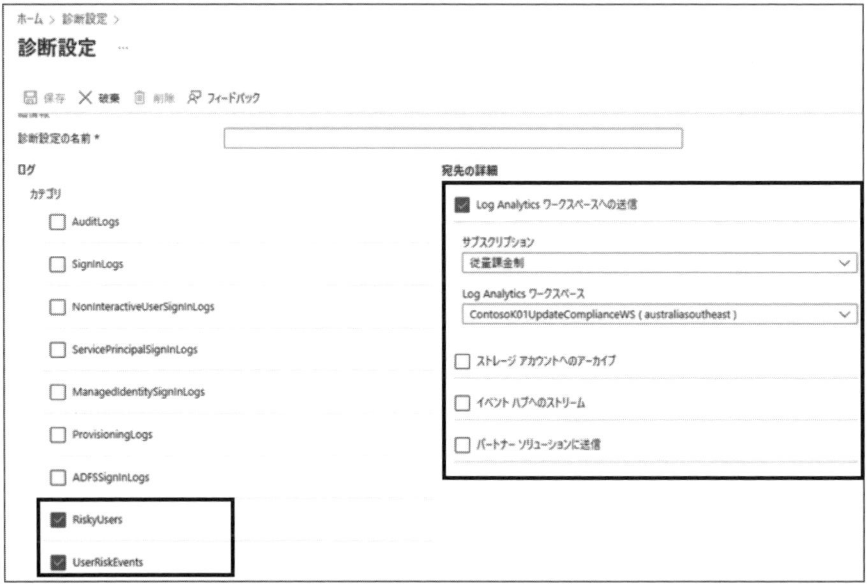

図2.82：リスクイベント情報の送信の設定

ここが ポイント

Microsoft Entra ID Protectionで検出されたリスクイベント情報は、Log Analyticsワークスペースやストレージアカウント、そしてサードパーティのシステムに送信することができます。

練習問題

問題 2-1

ユーザーがAzure portalにサインインした時に、最初に行われるのはどれですか。

A. アクセス許可の付与
B. 認証される
C. 承認される
D. 解決される

問題 2-2

サインインしたユーザーのリソースへのアクセスを検証するプロセスのことを何と言いますか。

A. シングルサインオン
B. 認証
C. フェデレーション
D. 承認

問題 2-3

フェデレーションは、組織間で何を確立するために使用されますか。

A. 多要素認証（MFA）
B. VPN接続
C. 信頼関係
D. ユーザーアカウントの同期

問題 2-4

サプライヤー、パートナー、ベンダーなど外部の組織のビジネスパートナーとのコラボレーションを有効にするには何を使用しますか。

それを構成すると、パートナーなどのゲストアカウントがディレクトリ内に表示されます。

A. フェデレーション信頼

B. AD DS

C. Azure AD B2C

D. Azure AD B2B

問題 2-5

次のステートメントについて、正しい場合には「はい」を選択し、そうでない場合には「いいえ」を選択してください。

① Azure ADは、Microsoft 365のサブスクリプションの一部として提供されます。

② Azure ADは、IDとアクセス管理サービスです。

③ Azure ADは、オンプレミスの環境に展開できます。

問題 2-6

次のステートメントについて、正しい場合には「はい」を選択し、そうでない場合には「いいえ」を選択してください。

① Azure portalでAzure ADテナントを管理できます。

② Azure仮想マシンは、Azure ADテナントのホストにデプロイしなければなりません。

③ すべてのAzure ADライセンスのエディションは同じ機能を含みます。

問題 2-7

ハイブリッド環境で、オンプレミスからAzure AD（Microsoft Entra ID）へ、IDを同期するために使用できるツールは何ですか。

A. Active Directory Federation Services（AD FS）

B. Azure AD Connect

C. Azure AD Privileged Identity Management（PIM）

D. Microsoft Sentinel

問題 **2-8**

アプリケーションをAzure Active Directory（Microsoft Entra ID）に登録すると、どの種類のIDが作成されますか。

A. ユーザーアカウント
B. ユーザー割り当てマネージドID
C. システム割り当てマネージドID
D. サービスプリンシパル

問題 **2-9**

Windows Hello for Businessで使用可能な生体認証の方法として正しいものを3つ選択してください。

A. 声帯
B. 顔
C. 静脈
D. PIN
E. 指紋

問題 **2-10**

次のステートメントについて、正しい場合には「はい」を選択し、そうでない場合には「いいえ」を選択してください。

① FIDO2セキュリティキーは、パスワードレス認証の一例です。
② Windows Helloは、パスワードレス認証の一例です。
③ ソフトウェアトークンは、パスワードレス認証の一例です。

問題 **2-11**

次のステートメントについて、正しい場合には「はい」を選択し、そうでない場合には「いいえ」を選択してください。

① セルフサービスパスワードリセット（SSPR）の認証には、外部の電子メールアドレスを使用することができます。
② Microsoft Authenticatorアプリへの通知を使用して、セルフサービスパ

スワードリセット（SSPR）を認証できます。

③　セルフサービスパスワードリセット（SSPR）を実行するには、ユーザーが既にAzure ADにサインインし、認証されている必要があります。

問題 2-12

Azure Active Directory（Microsoft Entra ID）のパスワード保護の目的は何ですか。

A. ユーザーがパスワード内の特定の単語を使用するのを防ぎます。

B. グローバルに認識される暗号化標準を使用してパスワードを暗号化します。

C. 多要素認証（MFA）を使用せずにユーザーがサインインできるデバイスを識別します。

D. ユーザーがパスワードを変更しなければならない頻度を制御します。

問題 2-13

次のステートメントについて、正しい場合には「はい」を選択し、そうでない場合には「いいえ」を選択してください。

①　セキュリティの既定値群は、Azure AD Premiumライセンスが必要です。

②　セキュリティの既定値群が有効な場合、すべての管理者は多要素認証（MFA）を使用する必要があります。

③　セキュリティの既定値群は、単一のAzure ADユーザーに対して有効にすることができます。

問題 2-14

次のステートメントについて、正しい場合には「はい」を選択し、そうでない場合には「いいえ」を選択してください。

①　グローバル管理者は、Azure Active Directoryのロールです。

②　Azure Active Directoryでカスタムロールを作成することができます。

③　Azure Active Directoryユーザーは、1つのロールのみ割り当てることができます。

問題 2-15

特定のグループに属するすべてのユーザーが、Azure AD（Microsoft Entra ID）へのサインに多要素認証（MFA）を使用しなければならないようにするには、何を使用すればよいですか。

A. Azureポリシー

B. 通信コンプライアンスポリシー（コミュニケーションコンプライアンスポリシー）

C. 条件付きアクセスポリシー

D. ユーザーリスクポリシー

問題 2-16

次のステートメントについて、正しい場合には「はい」を選択し、そうでない場合には「いいえ」を選択してください。

① 条件付きアクセスポリシーは、クラウドアプリへのアクセスに多要素認証（MFA）の使用を強制することができます。

② 条件付きアクセスポリシーは、Azure Active Directoryのロールにユーザーを追加することができます。

③ グローバル管理者は、条件付きアクセスポリシーの対象外です。

問題 2-17

Azure Active Directory Identity Protection（Microsoft Entra ID Protection）を使用して実行できる3つのタスクはどれですか。それぞれの正解は、完全な解決策を提示します。

A. リスク検出をサードパーティのユーティリティにエクスポートします。

B. IDベースのリスクの検出と修復を自動化します。

C. ユーザー認証に関するリスクを調査します。

D. パートナー組織の外部アクセスを構成します。

E. 秘密度ラベルを作成し、データに自動的に割り当てます。

問題 2-18

ユーザーがアクセスするリソースの追跡に関連するIDの柱はどれですか。

A. 認証
B. 認可
C. 投与
D. 監査

問題 **2-19**

次のステートメントを完成させてください。

ユーザーがサインインすると、[　　]はその身元を証明するために認証情報を検証します。

A. 承認（認可）
B. 認証
C. 監査
D. 管理

問題 **2-20**

次のステートメントを完成させてください。

複数のIDプロバイダーにまたがるシングルサインオン（SSO）機能を提供するのは、[　　]です。

A. ドメインコントローラー
B. フェデレーション
C. Active Directory Domain Services（AD DS）
D. Azure AD Privileged Identity Management

問題 **2-21**

次のステートメントを完成させてください。

Azure Active Directory（Microsoft Entra ID）は、認証と承認に使用される[　　]です。

A. 管理グループ
B. Security Information and Event Management（SIEM）システム
C. Identity Provider
D. Extended Detection & Response（XDR）システム

問題 2-22

次のステートメントについて、正しい場合には「はい」を選択し、そうでない場合には「いいえ」を選択してください。

① ハイブリッドモデルを使用する場合、認証はAzure AD（Microsoft Entra ID）、または他のIDプロバイダーによって行われます。
② Azure AD（Microsoft Entra ID）で作成されたユーザーアカウントは、オンプレミスのActive Directoryに自動的に同期されます。
③ Azure AD（Microsoft Entra ID）と同期するオンプレミスのActive DirectoryにハイブリッドIDを作成することができます。

問題 2-23

次のステートメントを完成させてください。

Azureリソースは、システムに割り当てられた［　］を使用して、Azureサービスにアクセスすることができます。

A. Azure AD参加デバイス
B. マネージドID
C. ユーザーID
D. サービスプリンシパル

問題 2-24

次のステートメントを完成させてください。

多要素認証を使用する場合、パスワードは、［　］とみなされます。

A. 共有するもの
B. 知っているもの
C. 本人が持っているもの
D. 本人である

問題 2-25

次のステートメントを完成させてください。

Azure Active Directory（Microsoft Entra ID）のセキュリティの既定値群を有効にした場合、Azure ADのすべてのユーザーに対して、［　］が有効になり

ます。

    A. 多要素認証（MFA：Multi-Factor Authentication）
    B. Azure AD Identity Protection
    C. Azure AD Privileged Identity Management

問題 2-26

Microsoft Intuneで、管理されているデバイスから企業リソースへのアクセスを制限するために使用できるAzure AD（Microsoft Entra ID）の機能はどれですか。

    A. リソースロック
    B. 条件付きアクセスポリシー
    C. Azure AD Privileged Identity Management（PIM）
    D. ネットワークセキュリティグループ（NSG）

問題 2-27

Azure ADグループ（Microsoft Entraグループ）のメンバーがサインイン時に多要素認証（MFA）を使用できるようにするには、何を使用する必要がありますか。

    A. 条件付きアクセスポリシー
    B. Azure AD ID保護
    C. Azure AD Privileged Identity Management（PIM）
    D. Azureロールベースのアクセス制御（Azure RBAC）

問題 2-28

次のステートメントについて、正しい場合には「はい」を選択し、そうでない場合には「いいえ」を選択してください。

  ① 条件付きアクセスポリシーは、グローバル管理者に対して適用できます。
  ② 条件付きアクセスポリシーは、AndroidやiOSなどのデバイスプラットフォームをシグナルとして利用できます。
  ③ 条件付きアクセスポリシーは、ユーザーのいる位置情報をもとに、クラウ

ドアプリにアクセスするユーザーをブロックできます。

問題 2-29

次のステートメントを完成させてください。

[　]を利用すると、条件付きアクセスを利用して、リアルタイムのセッション制御を行うことができます。

A. Microsoft Defender for Cloud

B. Microsoft Defender for Cloud Apps

C. Microsoft Sentinel

D. Azure AD Privileged Identity Management

問題 2-30

Azureの管理タスクを行うために、2時間の枠で管理権限を提供できる機能はどれですか。

A. 多要素認証（MFA）

B. Azure AD Identity Protection

C. 条件付きアクセス

D. Azure AD Privileged Identity Management

問題 2-31

次のステートメントを完成させてください。

[　]は、アプリケーションシークレットを保管するためのクラウドサービスです。

A. Azure Active Directory Password Protection

B. Azure Bastion

C. Azure Information Protection（AIP）

D. Azure Key Vault

練習問題の解答と解説

問題 2-1 正解 **B**　　　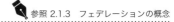 参照 2.1.1　認証と承認とは

ユーザーがサインインした時に最初に行われるのは認証です。

問題 2-2 正解 **D**　　　　　　　　　参照 2.1.1　認証と承認とは

認証が行われた後に行われる次のプロセスは「承認」です。このプロセスでは、本人確認後のユーザーに、サービスやアプリケーションに対するアクセスの検証を行います。

問題 2-3 正解 **C**　　　 参照 2.1.3　フェデレーションの概念

組織間を「フェデレーション」で結ぶと信頼関係が張られ、片方のIdPで認証されたユーザーを信頼し、リソースへのアクセスが許可されます。

問題 2-4 正解 **D**　　　　　　　　参照 2.2.4　ゲストアカウント

外部のユーザーにリソースへのアクセスを許可するには、Azure AD B2B（Microsoft Entra B2B）を使用します。

Azure AD B2Bを構成すると、Azure AD（Microsoft Entra ID）のディレクトリに他にIdPのユーザーがゲストユーザーとして登録され、アクセス許可を設定することができます。

問題 2-5 正解 **①いいえ　②はい　③いいえ**　　参照 2.2.1　Azure Active Directory

① Azure AD（Microsoft Entra ID）は、Microsoft 365のサブスクリプションにも含まれていますが、すでにMicrosoftのクラウドのライセンスを所有している場合、単体でライセンス購入を行うことができるため、Microsoft 365にしか含まれないものではありません。
② Azure ADは、IDとアクセス管理サービスです。
③ Azure ADは、Microsoftのクラウドサービスで、オンプレミスには展開できません。

問題 2-6 正解 **①はい　②いいえ　③いいえ**　　参照 2.2.1　Azure Active Directory

① Azure AD テナント（Microsoft Entraテナント）の管理は、Azure portalまたは、Microsoft Entra管理センターなどで管理できます。

② Azure仮想マシンは、契約しているAzureサブスクリプションに作成します。

③ Azure ADには複数のライセンスがあり、ライセンスの種類により使用できる機能が異なります。

問題 2-7 **正解** B　　　　　　　　　　　参照 2.2.3　ハイブリッドID

　オンプレミスから、Azure AD（Microsoft Entra ID）にIDを同期する際に使用するツールは、Azure AD Connect（Microsoft Entra Connect）です。

問題 2-8 **正解** D　　　　　　　参照 2.2.5　サービスプリンシパルとマネージドID

　Azure AD（Microsoft Entra ID）にアプリケーションを登録すると、アプリケーションのサービスプリンシパルが作成されます。

　Azure ADにアプリケーションが登録されるとアプリケーションは、Azure ADから認証、承認を受けられるようになります。

問題 2-9 **正解** B、D、E　　　　　　　参照 2.3.2　パスワードレス認証

　Windows Hello for Businessでは、Windows Helloで使用可能な生体認証である、顔、虹彩、指紋を利用することができます。また、PINも利用できます。

問題 2-10 **正解** ①はい　②はい　③いいえ　　参照 2.3.2　パスワードレス認証

① FIDO2セキュリティキーを使用すると、パスワードを利用せずにサインインすることができます。

② Windows Helloは、パスワードを利用せずにサインインすることができます。

③ トークンは認証の結果、生成されるものでトークン自体はパスワードレス認証の一例ではありません。

問題 2-11 **正解** ①はい　②はい　③いいえ　参照 2.3.3　セルフサービスによるパスワードリセット

① 組織のメールアドレスでなくても、登録が可能です。

② Microsoft Authenticatorを使用して、SSPR時の認証を行うことができます。

③ パスワードが分からなくなった場合に利用する機能なので、サインインしている必要はありません。

問題 2-12 **正解** A　　参照 2.3.4　Microsoft Entra IDで利用できるパスワード保護と管理機能

　Azure AD（Microsoft Entra ID）のパスワード保護では、[カスタムの禁止パ

スワード］を有効にすることで、パスワードに特定の単語が使用されることを防ぎます。

問題 2-13 **正解** ①いいえ　②はい　③いいえ　　　　参照 2.3.1　多要素認証

① セキュリティの既定値群は、Azure AD Free（Microsoft Entra ID Free）のライセンスでも利用が可能です。
② セキュリティの既定値群が有効になっていると、管理者は常にMFAを要求されます。
③ セキュリティの既定値群は、テナントに対して有効にします。

問題 2-14 **正解** ①はい　②はい　③いいえ　　参照 2.4.2　Microsoft Entra IDのロールベースのアクセスコントロール

① グローバル管理者は、Azure AD（Microsoft Entra ID）で定義されているロールです。
② カスタムロールを作成することができます。
③ ロールは、1人のユーザーに対して、複数割り当てることが可能です。

問題 2-15 **正解** C　　　　　　　　　　　　参照 2.4.1　条件付きアクセス

特定のグループのメンバーが、アプリへのアクセス時に多要素認証を使用するように強制するには、条件付きアクセスポリシーを使用します。

問題 2-16 **正解** ①はい　②いいえ　③いいえ　　参照 2.4.1　条件付きアクセス

① 条件付きアクセスポリシーは、多要素認証を強制することができます。
② 条件付きアクセスポリシーでは、ロールにユーザーを追加することはできません。
③ グローバル管理者も条件付きアクセスポリシーの対象です。ただし、設定によって適用対象外にすることは可能です。

問題 2-17 **正解** A、B、C　　　　参照 2.5.3　Microsoft Entra ID Protection

Azure AD Identity Protection（Microsoft Entra ID Protection）では、ユーザー認証に関わるリスクを検出、調査、自動対処することができます。

また、検出されたリスクデータはLog Analyticsワークスペースやストレージアカウント、サードパーティのシステムにエクスポートできます。

問題 2-18 正解 D

参照 2.1 アイデンティティの概念を定義する

　IDの柱となる4つの要素は、「認証」「承認（認可）」「管理」「監査」です。ユーザーがアクセスするリソースの追跡に関連するIDの柱は監査です。

問題 2-19 正解 B

参照 2.1.1 認証と承認とは

　身元の検証を行うのは認証です。

問題 2-20 正解 B

参照 2.1.3 フェデレーションの概念

　複数のIDプロバイダーにまたがるシングルサインオンを提供するのは、フェデレーションです。

問題 2-21 正解 C

参照 2.1.1 認証と承認とは

　Azure Active Directory（Microsoft Entra ID）は、Identity Providerです。Identity Provider（IdP）とは、ユーザーIDを保管し、検証を行うサービスです。

問題 2-22 正解 ①はい、②いいえ、③はい

参照 2.2.3 ハイブリッドID

① ハイブリッドモデルを使用する場合、認証はAzure AD（Microsoft Entra ID）もしくは他のIDプロバイダーによって行われます。
② Azure ADで作成されたユーザーアカウントは、オンプレミスに同期されることはありません。
③ ハイブリッドID環境では、オンプレミス側がマスターになるため、オンプレミスにIDを作成します。

問題 2-23 正解 B

参照 2.2.5 サービスプリンシパルとマネージドID

　仮想マシンなどのAzureのリソースでマネージドIDを有効にすると、IDがAzure AD（Microsoft Entra ID）に登録され、そのIDを利用して他のAzureリソースにアクセスできます。

問題 2-24 正解 B

参照 2.3.1 多要素認証

　MFAにおけるパスワードは、「知っているもの（知識情報）」を確認するために使用されます。

問題 2-25 正解 A

参照 2.3.1 多要素認証

　Azure AD（Microsoft Entra ID）のセキュリティの既定値群を有効にすると、

すべてのユーザーに対してMFAが有効になります。

問題 2-26 **正解** B
　　　　　　　　　　　　　　　　　　　　　　　✒ 参照 2.4.1　条件付きアクセス

　Intuneで管理されている企業リソースへのアクセスを制限するために使用することができるのは、条件付きアクセスポリシーです。

問題 2-27 **正解** A
　　　　　　　　　　　　　　　　　　　　　　　✒ 参照 2.4.1　条件付きアクセス

　特定のグループのメンバーがサインインする際にMFAが求められるようにするには、条件付きアクセスポリシーで設定を行います。

問題 2-28 **正解** ①はい、②はい、③はい
　　　　　　　　　　　　　　　　　　　　　　　✒ 参照 2.4.1　条件付きアクセス

　① 条件付きアクセスポリシーは、グローバル管理者などの特定のロールに対して適用できます。
　② 条件付きアクセスポリシーは、条件としてデバイスプラットフォームを使用できます。
　③ あらかじめ、信頼できる場所を定義しておくことで、その場所にいるユーザーだけにクラウドアプリへのアクセスを許可することができます。

問題 2-29 **正解** B
　　　　　　　　　　　　　　　　　　　　　　　✒ 参照 2.4.1　条件付きアクセス

　条件付きアクセスポリシーで、セッション制御を行うように構成すると、Microsoft Defender for Cloud Appsのセッションポリシーを使用して、アプリへのアクセス後のアクティビティ（ダウンロード、印刷、コピー/ペーストなど）を制御することができます。

問題 2-30 **正解** D
　　　　　　　　　✒ 参照 2.5.1　Microsoft Entra Privileged Identity Management：PIM

　一定期間のみ管理者権限を付与できるのは、Azure AD Privileged Identity Management（Microsoft Entra Privileged Identity Management）です。

問題 2-31 **正解** D
　　　　　　　　　　　　　　　✒ 参照 2.2.5サービスプリンシパルとマネージドID

　Azure Key Vaultには、アプリケーションにアクセスするための資格情報（アプリケーションシークレット）などを格納できます。

第 **3** 章

Microsoft 365のセキュリティ ソリューションの機能を説明する

本章では、Microsoft 365で扱われるIDおよびドキュメントや メール、Microsoft 365に関わるサーバーやユーザーのエンドポ イントデバイスなどを脅威から保護するさまざまなサービスにつ いて解説します。

理解度チェック.....

- ☐ Microsoft 365 Defenderを構成するサービス
- ☐ Microsoft 365 Defenderポータル
- ☐ 危険性のあるユーザー
- ☐ 危険性のあるデバイス
- ☐ セキュアスコア
- ☐ セキュアスコアの比較
- ☐ セキュリティレポート
- ☐ Microsoft Defender for Identity
- ☐ Exchange Online Protection
- ☐ Microsoft Defender for Office 365
- ☐ 安全な添付ファイル
- ☐ 安全なリンク
- ☐ Microsoft Defender for Endpoint

- ☐ 脅威エクスプローラー
- ☐ 脅威トラッカー
- ☐ ポリシーとルール
- ☐ 攻撃シミュレーションのトレーニング
- ☐ 脅威と脆弱性の管理
- ☐ デバイスのセキュアスコア
- ☐ 攻撃面の縮小
- ☐ 自動調査と修復
- ☐ デバイスのオンボード
- ☐ インシデントとアラート
- ☐ Microsoft Defender for Cloud Apps
- ☐ シャドーITの検出と制御
- ☐ 情報の保護

アクセスキー V

(大文字のブイ)

3.1 Microsoft 365 Defenderの脅威対策サービス

　Microsoft 365は、ユーザーにとって非常に便利なサービスが数多く含まれています。そのため、世界中の多くの企業で導入されていますが、Microsoft 365内に保存されているドキュメントやメール、また、サービスに接続するために使用されるユーザーのデバイスは、しっかりとした脅威対策が行われている必要があります。Microsoft 365には、多くの脅威対策ソリューションが含まれ、それらを実装することでユーザーのデバイスやメール、ドキュメントなどを保護することができます。

図3.1：Microsoft 365には、多くの脅威対策ソリューションが含まれる

　Microsoft 365を利用するにあたり、セキュリティ対策を行わなければならないものは、以下の4つです。

- ID
- メールやドキュメント
- エンドポイントデバイス
- クラウドアプリ

　上記の4つに対してセキュリティ対策を行うソリューションが、「Microsoft 365 Defender」です。
　Microsoft 365 Defender自体は、特定のセキュリティ対策を行うものではなく、Microsoft 365のセキュリティ対策ソリューション全体を指す用語です。Microsoft 365 Defenderには、次のようなサービスが含まれます。

●Microsoft Entra ID Protection（Azure AD Identity Protection）、
Microsoft Defender for Identity
クラウドへのサインインを監視したり、オンプレミスのActive Directoryのド
メインコントローラーなどを監視することでIDに関わる脅威を検出します。

●Microsoft Defender for Office 365
Office 365に含まれるドキュメントやメールの脅威を検出します。

●Microsoft Defender for Endpoint
ユーザーが利用するデバイスを監視し、脅威を検出します。

●Microsoft Defender for Cloud Apps
Microsoft Defender for Cloud Appsに接続されているクラウドアプリの利用
状況を監視し、脅威を検出します。

このように、Microsoft 365 Defenderには、ID、ドキュメントやメール、デ
バイス、クラウドアプリに対する脅威対策を行うサービスが含まれています。

3.2　Microsoft 365 Defenderポータル

Microsoft 365 Defenderに含まれる各種サービスの設定や確認を行うには、
次のツールを使用します。

●Microsoft Entra ID Protection（Azure AD Identity Protection）
Microsoft Entra管理センターもしくは、Azure portalの［Microsoft Entra
ID］を使用します。

●Microsoft Defender for Identity
Microsoft 365 Defenderポータルを使用します。

●Microsoft Defender for Office 365
Microsoft 365 Defenderポータルを使用します。

● Microsoft Defender for Endpoint

Microsoft 365 Defenderポータルを使用します。

■ Microsoft Defender for Cloud Apps

Microsoft 365 Defenderポータル、もしくは、Microsoft Defender for Cloud Appsポータルを使用します。

> **HINT Microsoft Defender for Cloud Appsポータル**
>
> Microsoft Defender for Cloud Appsポータルは、従来から使用されていたポータルですが、2023年11月1日からMicrosoft 365 Defenderに順次移行されます。その後、廃止される予定であるため、Microsoft 365 Defenderポータルを使用することを推奨します。

このように、Microsoft Entra ID Protection以外のMicrosoft 365 Defenderに含まれるサービスの管理は、Microsoft 365 Defenderポータルを使用して行います。Microsoft 365 Defenderポータルにアクセスするには、ブラウザーで次のURLを実行します。

・ https://security.microsoft.com

図3.2が、Microsoft 365 Defenderポータルです。

図3.2：Microsoft 365 Defenderポータル

　Microsoft 365 Defenderポータルのメニューには、［エンドポイント］、［メールとコラボレーション］、［クラウドアプリ］など太字で表示されたカテゴリがあります。

　［エンドポイント］は、Microsoft Defender for Endpoint、［メールとコラボレーション］は、Microsoft Defender for Office 365、［クラウドアプリ］は、Microsoft Defender for Cloud Appsを表しています。そのため、Microsoft Defender for Office 365の設定などを行いたい場合は、［メールとコラボレーション］配下の項目を利用します。

　また、Microsoft 365 Defenderポータルで確認できる情報の一例として、次のようなものがあります。

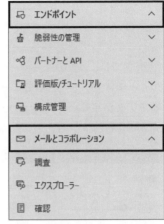

図3.3：Microsoft 365 Defender ポータルのメニュー

- ●ホーム画面に表示されるさまざまなカードの情報
- ●セキュアスコア
- ●アセット
- ●レポート

　次の項目で、これらの4つについて紹介します。

3.2.1 ホーム画面

　ホーム画面では、デバイスやユーザーなどのセキュリティに関する情報が「カード」として表示されます。カードの位置を変更したり、カードを追加することで、必要な情報をホーム画面に表示することができます。ここでは、次の2つのカードについて紹介します。

■［危険性のあるユーザー］

このカードは、Microsoft 365 Defenderを構成するサービスの1つであるMicrosoft Entra ID Protectionで検出された危険なユーザーが表示されます。たとえば、匿名IPアドレスなどを利用してサインインをした場合などに、リスクとして検出されます。

図3.4では、4人のユーザーが危険であると表示されていますが、［すべてのユーザーを表示］ボタン

図3.4：［危険性のあるユーザー］カード

をクリックすると、Azure portalが表示され、検出されている4人のユーザーの具体的な名前やリスクの状態が確認できます（図3.5）。

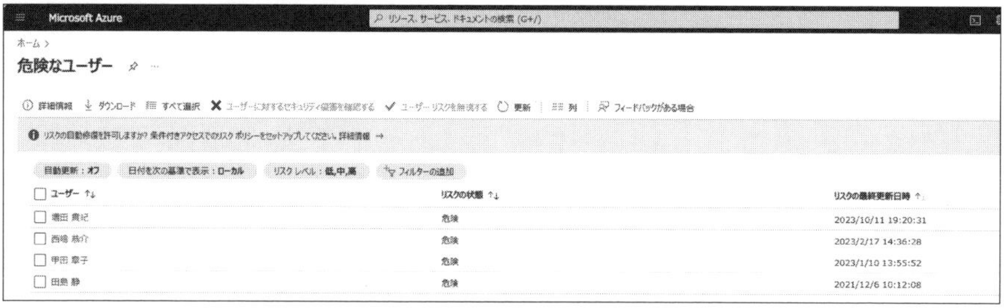

図3.5：［危険なユーザー］レポート

■［危険性のあるデバイス］

このカードは、Microsoft Defender for Endpointで、リスクが検出された場合に表示されます。たとえば、マルウェアに感染して侵害行為などがデバイスで確認された場合に表示されます。

図3.6では、2台のデバイスと、デバイスに設定されているリスクレベルが表示されていますが、［詳細を表示］ボタンをクリックすると、Microsoft 365 Defenderポータルの［デバイスのインベントリ］ページが表示され、デバイスの情報を確認できます。

図3.6：［危険性のあるデバイス］カード

図3.7：Microsoft 365 Defenderポータルの［デバイスのインベントリ］ページ

ここが
ポイント

Microsoft 365 Defenderの［ホーム］画面では、［危険性のあるユーザー］カードと［危険性のあるデバイス］カードを表示することができます。

3.2.2 セキュアスコア

セキュアスコアは、テナントのセキュリティ対策が適切にできているかを数値で表したり、スコアを上げるために必要な対策を確認することができます。セキュアスコアを表示するには、Microsoft 365 Defenderポータルで、［セキュアスコア］を選択します。

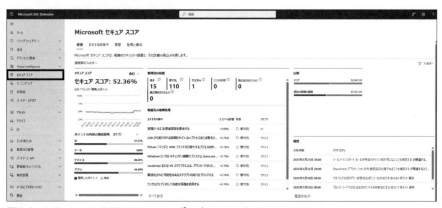

図3.8：Microsoft 365 Defenderポータルのセキュアスコア

　［セキュアスコア］の［概要］タブでは、テナントのセキュアスコアや比較が表示されます。

　セキュアスコアは、テナント全体のものが大きく表示され、また、保護すべき4つの要素であるID、データ、デバイス、アプリに対するセキュリティ対策がどれくらいできているかといった情報も表示されます。このスコアが高ければ高いほど、セキュリティリスクが低いということになります。

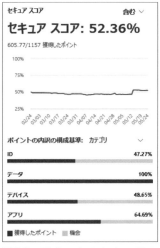

図3.9：テナントのセキュアスコア

　また、［概要］タブの［比較］では、同じ業種で同じ規模の会社の平均的なスコアと自社のスコアを比較することができます。

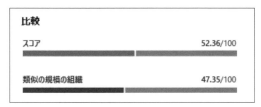

図3.10：スコアを比較できる

　セキュアスコアでは、現在のスコアを確認した後、よりスコアを上げるためには何をすればいいかを確認することができます。［おすすめの操作］タブでは、実

施するとスコアが上がる対策がランキング形式で表示されます。

図3.11：セキュアスコアの［おすすめの操作］タブ

　上に表示されている対策（ランキングが高いもの）から対策を行うことで、より多くのポイントを得ることができます。たとえば、図3.12では、「すべてのユーザーに対して多要素認証が有効になっていることを確認する」が最も上に表示されています。テナント内のすべてのユーザーに対して多要素認証を有効にすることで、セキュアスコアが加算されます。

Microsoft セキュア ス コア

概要　おすすめの操作　履歴　指標と傾向

Microsoft セキュア スコアを改善するために実行できる処置です。スコアが更新されるまでに最大で 24 時間かかる場合があります。

⤓ エクスポート

フィルター： 製品: Azure Active Directory ✕

ランク	おすすめの操作	スコアへの影響	獲得したポイント	状態	喪失	ライセンスをお持...
☐ 1	すべてのユーザーに対して多要素認証が有効になっていることを確認する	+0.71%	0.25/9	○ 要対処	はい	はい

図3.12：最もランキングが高い対策

ここが
ポイント

多要素認証を有効にすると、スコアが上がります。

　［おすすめの操作］タブでは、さまざまな製品やカテゴリに含まれる対策がすべて表示されます。そのため、上から順番に対策を行おうとすると、IDの次はデータ、Microsoft Entra IDの次は、Microsoft Defender for Endpointなど、色々

なサービスの対策が表示されてしまうので、対策がしにくい場合があります。このような場合は、目的のカテゴリや製品に絞って対策を表示することができます。図3.13は、製品でフィルターする場合に、指定可能な製品一覧です。

たとえば、Azure Active Directory（Microsoft Entra ID）やMicrosoft Defender for Cloud AppsなどのMicrosoft 365 Defenderのサービス、ServiceNowやZoomなどのマイクロソフト以外のサービスに関する対策も表示することができます。

製品
☐ Azure Active Directory
☐ Citrix ShareFile
☐ Defender for Endpoint
☐ Defender for Identity
☐ Defender for Office
☐ DocuSign
☐ Exchange Online
☐ GitHub
☐ Microsoft Defender for Cloud Apps
☐ Microsoft Information Protection
☐ Microsoft Teams
☐ Okta
☐ Salesforce
☐ ServiceNow
☐ SharePoint Online
☐ Zoom
☐ アプリ ガバナンス

図3.13：製品でフィルターすることができる

ここが
ポイント

Microsoft Defender for Cloud Appsに関する推奨事項を表示することができます。

概要　おすすめの操作　履歴　指標と傾向

Microsoft セキュア スコアを改善するために実行できる処置です。スコアが更新されるまでに最大で 24 時間かかる場合があります。

↓ エクスポート

フィルター：　製品: Microsoft Defender for Cloud Apps ✕

	ランク	おすすめの操作	スコアへの影響	獲得したポイント	状態
☐	1	ログ コレクターを展開して、シャドウの IT アクティビティを検出する	+0.09%	0/1	○ 要対処
☐	2	Microsoft Defender for Cloud Apps が有効になっていることを確認する	+0.43%	5/5	✓ 完了
☐	3	新しい OAuth アプリケーションについて通知する OAuth アプリ ポリシーを作成する	+0.35%	4/4	✓ 完了
☐	4	組織内の新しいクラウド アプリと人気上昇中のクラウド アプリを識別するアプリ検出ポリシー	+0.26%	3/3	✓ 完了
☐	5	疑わしい使用パターンに関するアラートを取得するカスタム アクティビティ ポリシーを作成する	+0.17%	2/2	✓ 完了

図3.14：Microsoft Defender for Cloud Appの対策のみ表示

ここが
ポイント

製品でフィルターすると、サードパーティ製（マイクロソフト以外の製品）のサービスについても推奨事項が表示され、対策を行うことでセキュアスコアが向上します。

3.2.3 アセット

組織の資産であるユーザーやデバイスの情報を確認できます。

ID

フィルター:

| ユーザー名 4 例が選ばれました ∨ | 所属 ⌕ 内部 ⌗ 外部 | 種類 ユーザー アカウント | アプリ: アプリの選択 | グループ: ユーザー グループの選択 | ☐ 管理者のみを表示 |

⬇ エクスポート

ユーザー名 ∧	調査の優先順位	所属	種類	メール	アプリ	グループ
AAD User		⌕ PHP	ユーザー	aaduser@contoso01.work	❶	—
Admin1	0	⌕ 内部	ユーザー	admin1@contoso01.work	❶ ⬡	2 グループ
Admin2	0	⌕ 内部	ユーザー	admin2@contoso01.work	❶ ⬡	すべてのユーザー
Admin3	0	⌕ 内部	ユーザー	admin3@contoso01.work	❶ ⬡	すべてのユーザー

図3.15：［ID］ページでは、組織に登録されているIDを確認できる

3.2.4 レポート

Microsoft 365 Defenderポータルの［レポート］を使用すると、次のような
レポートを表示することができます。

■ 全般

［全般］にあるセキュリティレポートでは、セキュリティの傾向に関する情報を表
示し、ID、デバイス、データ、アプリなどの保護の状態を確認することができます。

図3.16：セキュリティレポート

ポイント

Microsoft 365 Defenderポータルの［レポート］を使用すると、セキュリティの傾向を表示し、IDの保護状態を追跡できます。

■ エンドポイント

［エンドポイント］には、デバイスに関するレポートを表示することができます。たとえば、デバイスの正常性レポートでは、ウイルス対策が有効になっていないデバイスがあるかなどの情報を確認できます。

■ メールとコラボレーション

［メールとコラボレーション］では、メールと共同作業のレポートを表示することができ、脅威に対する保護の状態や、メール遅延レポートなどが確認できます。

3.3 Microsoft Defender for Identity

Microsoft 365 Defenderでは、IDに関する脅威を検出するサービスが2つあります。

- Microsoft Enra ID Protection（Azure AD Identity Protection）
- Microsoft Defender for Identity

Microsoft Entra ID Protectionは、ユーザーの資格情報の侵害を検出します。
一方、Microsoft Defender for Identityは、オンプレミスのドメインコントローラーのWindowsイベントなどを収集し、Active Directory環境に対する脅威を検出します。

HINT　ドメインコントローラー

オンプレミス環境で、ユーザーやデバイスを一括管理するためのマイクロソフトのディレクトリサービスのことを、「Active Directoryドメインサービス（AD DS）」といいます。Active DirectoryドメインサービスがインストールされたWindows Serverが「ドメインコントローラー」と呼ばれ、IDやデバイスの管理を行います。詳細は、「2.1.2 Active Directoryドメインサービス」を参照してください。

　脅威を検出するためには、監視対象となるドメインコントローラーに、センサーをインストールします。

　センサーをインストールすることで、ドメインコントローラーのログがクラウドに送信され、脅威が検出されます。

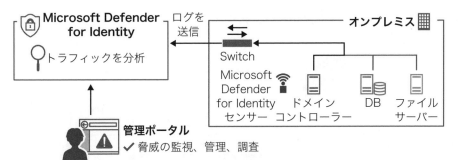

図3.17：Microsoft Defender for Identity

ここが
ポイント

Microsoft Defender for Identityは、オンプレミスのActive Directoryドメインサービス（AD DS）のシグナルを活用し、高度な脅威を識別、検出することができるクラウドベースのソリューションです。

3.4 Microsoft Defender for Office 365

　Microsoft Defender for Office 365は、Microsoft 365内のメールおよびドキュメントを脅威から保護するためのサービスです。最初に、Exchange Onlineを使用して送受信される電子メールの保護について紹介します。Exchange Onlineにメールボックスを持つユーザーが送受信する電子メールは、既定で以下のサービスによって保護されています。

■ Exchange Online Protection

　Exchange Online Protectionは、既知の脅威を検出するサービスです。たとえば、外部から電子メールを受信した場合、Exchange Online Protectionによって、送信元のIPアドレスやドメイン名などのレピュテーションチェックが行われ

ます。レピュテーションは、「社会的評価」などと訳されますが、評判の悪いドメイン名やIPアドレスから送信されていないかといったことをチェックします。そして、添付ファイルがある場合には、複数のマルウェア対策エンジンを利用して、マルウェアであるかを判定します。これらのチェックに引っかかった電子メールは削除されたり検疫されたりします。これらのチェックにパスした電子メールはユーザーの受信トレイに配信されます。

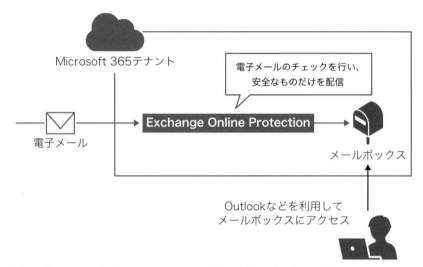

図3.18：Exchange Online Protectionを使用した電子メールの保護

　また、ユーザーの受信トレイに配信された後も、ゼロ時間自動削除（ZAP）の機能によって電子メールの監視は行われます。そのため、受信したときに検出されなかったマルウェアが後から検出される場合もあります。
　このように、Exchange Onlineにメールボックスを持つユーザーが送受信する電子メールについては、必ずExchange Online Protectionのチェックを受けることになります。

　しかし、既知の脅威だけ検出していればセキュリティ対策は万全かというとそうではありません。世界中で新しいマルウェアが次々と登場し、亜種が簡単に作成できる現在では、Exchange Online Protectionのチェックをすり抜ける多くのマルウェアが出てくる可能性があります。そのため、既知の脅威だけではなく、未知の脅威に対する対策ができるサービスも必要です。それが、Microsoft

Defender for Office 365です。

Microsoft Defender for Office 365のライセンスを所有している場合、Exchange Online Protectionのチェックが拡張され、次のようなチェックが行われます。

- 「安全な添付ファイル」による添付ファイルのチェック
- 「安全なリンク」によるリンクのチェック

3.4.1 安全な添付ファイル

安全な添付ファイルでは、Officeドキュメントや実行可能ファイル、PDFファイルなど、特定の種類のファイルをクラウド上の安全な領域に送信し、そこで実際にファイルを実行して、マルウェア特有の動作を行うかをチェックします。これによって、Exchange Online Protectionのウイルス対策エンジンで検出できなかった未知のマルウェアが検出できます。

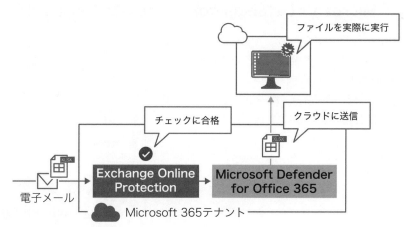

図3.19：安全な添付ファイルによる添付ファイルのチェック

3.4.2 安全なリンク

安全なリンクでは、ユーザーが電子メール内のリンクをクリックしたときに、サーバーに問い合わせを行い、URLが安全であるかを確認します。安全でない場合は警告画面を表示し、サイトにアクセスできないようにブロックします。

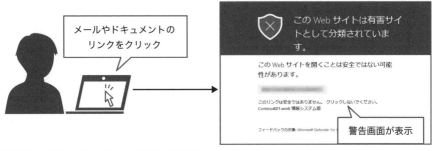

図3.20：安全なリンクによるリンクのチェック

Microsoft Defender for Office 365は、ユーザーがメール内のリンクをクリックしたときに、リンクのチェックを行います。また添付ファイルをチェックし、安全だった場合に受信トレイに配信します。

3.4.3 Microsoft Defender for Office 365の高度な機能

Microsoft Defender for Office 365では、安全な添付ファイルや安全なリンク以外にもさまざまな機能がサポートされています。ここでは、Microsoft 365 Defenderポータルのメニューの中で、図3.21の丸印が付いた機能について紹介します。

図3.21：［メールとコラボレーション］のメニュー

■ エクスプローラー（脅威エクスプローラー）

脅威エクスプローラーは、組織で受信した電子メールに関する情報を確認することができます。

フィッシングメールやマルウェアが検出された場合には、それらを削除したり、調査をしたりすることができます。

図3.22：脅威エクスプローラー

図3.22では、脅威エクスプローラーの［フィッシング］タブを表示しています。指定した期間中に受信したフィッシングメールが表示されています。これらのアイテムの1つをクリックすると、詳細ページが表示されメール内のどのリンクがフィッシングとして判定されているかなどを確認できます（図3.23）。

フィッシングリンクとして判定されているURL

図3.23：フィッシングメールの詳細ページ

■ 脅威トラッカー

組織にさまざまな影響を与える可能性があるサイバーセキュリティの問題に関して情報を提供してくれます。たとえば、最近、多く見られるマルウェアの攻撃活動の情報などを確認できます。

■ ポリシーとルール

Exchange Online ProtectionおよびMicrosoft Defender for Office 365に含まれる機能の各種ポリシーを作成、編集することができます。たとえば、フィッシング対策ポリシーでは、なりすまし防止対策などを行うことができます。

■ 攻撃シミュレーションのトレーニング

攻撃シミュレーションのトレーニングでは、管理者がユーザーに対して疑似的な攻撃を仕掛けることができます。これにより、疑似的な攻撃を受けたユーザーがどのように対処すればよいかを実践的に学ぶことができます。管理者は、さまざまな攻撃パターンやメールフォームを選択し、ユーザーに疑似的な攻撃を仕掛けることができます。攻撃を仕掛けられたユーザーが、リンクをクリックしてしまったり、資格情報を入力してしまったりした場合は、学習コンテンツを割り当て、セキュリティについて学ぶ機会を提供することができます。

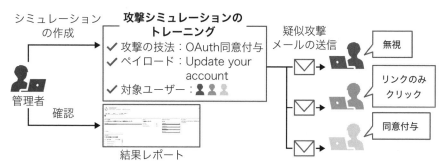

図3.24：攻撃シミュレーションのトレーニング

攻撃シミュレーションのトレーニングを含むサービスは、Microsoft Defender for Office 365です。

3.5 Microsoft Defender for Endpoint

Microsoft Defender for Endpointは、ユーザーのデバイスに対して次の対策ができるサービスです。

・やられないようにする対策
・やられた後の対策

ここが
ポイント

Microsoft Defender for Endpointは、ユーザーのデバイスに対して脅威対策を行うためのサービスです。

■ やられないようにする対策

「やられないようにする対策」は、事前に行っておくことで攻撃をされにくくする対策のことで、Microsoft Defender for Endpointでは、次のような対策を行うことができます。

● 脅威と脆弱性の管理

デバイスにインストールされているOSやアプリの脆弱性や構成ミスなどを検出します。

検出された脆弱性や構成ミスは、IT管理者がシームレスに修復を行うことができます。また、Microsoft Defender for Endpointの［脆弱性の管理ダッシュボード］ページでは、デバイスのセキュアスコアが表示できます。これにより、組織のデバイスのセキュリティ対策がどの程度できているかを判断するのに役立ちます。

第
3
章

図3.25：脆弱性の管理ダッシュボード

デバイスのセキュアスコアは、Microsoft Defender for Endpointの機能です。

● 攻撃面の縮小（ASR）

　脅威や攻撃の対象になりやすい部分を最小限に抑える設定を行います。攻撃面の縮小には、脆弱性を狙ったメモリベースの攻撃をブロックしたり、スクリプトや電子メール、Officeドキュメントなど、脅威を引き起こす手段になるようなファイル動作を監視しブロックしたり、ネットワークの接続前にチェックして不審な接続はブロックするなどの設定が用意されています。

Microsoft Defender for Endpointでは、ネットワーク保護により、不審な接続をブロックすることでサイバー脅威に対する防御の機能を提供します。

● 次世代の保護

　Microsoft Defenderウイルス対策を利用して、マルウェアをブロックします。さらにリアルタイム保護や、クラウドによる保護などの機能もサポートします。

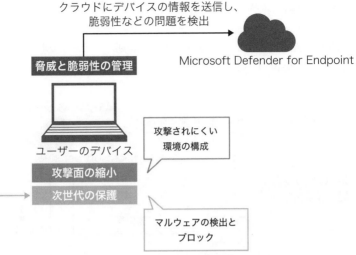

図3.26：やられないようにする対策

■ やられた後の対策

　「やられた後の対策」は、ユーザーのデバイスでマルウェアがインストールされてしまった場合などに、それらを検知し、警告や修復を行うことです。Microsoft Defender for Endpointでは、やられた後の対策として、以下のようなことを行います。

● エンドポイントの検出および応答（EDR：Endpoint Detection and Response）

　Microsoft Defender for Endpointでは、デバイスにマルウェアがインストールされ、悪意のある挙動が開始されると、ほぼリアルタイムにそれらを検知します。攻撃を検知した後は、管理者にメールで通知し、アラートを出します。

● 自動調査と修復

　デバイスで攻撃を検出した場合、それらをインシデントとして扱い調査を行います。どのデバイスがどのようなきっかけで攻撃されたのか、どのようなユーザーやメールボックスが関わっているのかなどを調査し、分かりやすいレポートで表示します。さらに、インシデントが起きたデバイスで修復が必要な場合、自動的に修復まで行うことができます。

● Defenderエキスパートに尋ねる

Microsoft 365 Defenderポータルから、直接マイクロソフトのセキュリティの専門家と連携してアラートの根本原因や範囲、アラートの詳細などについて説明を得たり、修復のための具体的なステップを確認したりすることができます。

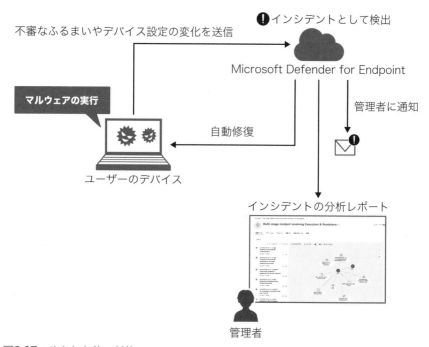

図3.27：やられた後の対策

Microsoft Defender for Endpointに含まれる機能として、攻撃面の縮小（攻撃の回避）や自動調査と修復があります。

3.5.1　デバイスのオンボード

Microsoft Defender for Endpointを利用して、デバイスを保護し、脅威を検出できるようにするためには、デバイスをMicrosoft Defender for Endpointにオンボード（登録）する必要があります。登録可能なデバイスは次の通りです。

■ Windowsクライアント

Windows 8.1/10/11、Windows 365のクラウドPC、Azure Virtual Desktop の仮想マシン、Microsoft Azure上で実行されているシングルセッションの仮想 マシン

Microsoft Defender for Endpointを使用して、Windows 10/11を実行するAzure仮想 マシンを保護することができます。

■ Windows Server

Windows Server 2008 R2/2012 R2/2016/2019/2022、Microsoft Azure 上の仮想マシン

■ macOS

macOSでは、最新の3つのメジャーリリースがサポートされます。

■ Linux

Red Hat Enterprise Linux、CentOS、Ubuntu、Debian、SUSE Linux Enterprise Server、Oracle Linux、Amazon Linux、Fedoraなどがサポートさ れています。

 サポートするバージョン

詳しいバージョン等は、マイクロソフトのサイトをご確認ください。

https://learn.microsoft.com/ja-jp/microsoft-365/security/defender-endpoint/ microsoft-defender-endpoint-linux?view=o365-worldwide

■ AndroidおよびiOS

Androidは、8.0以降のバージョンを実行している必要があります。iOSは、 14.0以降を実行している必要があります。iPadもサポートされています。

Microsoft Defender for Endpointは、Android端末を保護することができます。

　デバイスを、Microsoft Defender for Endpointにオンボードするには、次のような方法があります。

- ●ローカルスクリプト
- ●Microsoft Intuneから展開
- ●Configuration Managerから展開
- ●グループポリシー
- ●アプリストアからインストール

　これらの方法は、どのデバイスでも共通で使用できるわけではなく、オンボードしたいOSの種類によって異なります。これらのいずれかの方法を使用してオンボードすると、デバイスが登録され、Microsoft 365 Defenderポータルの［デバイスのインベントリ］ページの［オンボードの状態］列に、「オンボードされました」と表示されます。また、［リスクレベル］列には、デバイスのリスクレベルが表示されます（図3.28）。

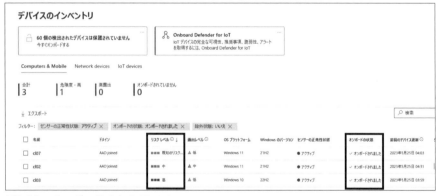

図3.28：オンボードされたデバイス

3.5.2　インシデントとアラート

　デバイスで脅威が検出されると、Microsoft 365 Defenderポータルにインシデントもしくはアラートとして表示されます。インシデントとアラートは異なるもので、それぞれメニューも分かれています。

では、インシデントとアラートはどのような違いがあるのでしょうか。

デバイスや各種サービスなどで脅威が起きると、アラートが生成されます。しかし、攻撃というのは1つのアクションだけで終わらない場合が多く、デバイスやサービス上で複数のアクションを起こします。この1つ1つのアクションはアラートとして生成されますが、1つの攻撃のプロセスとして関連する複数のアラートを1つにまとめたものがインシデントです。

Microsoft 365 Defender
ホーム
インシデントとアラート
インシデント
アラート

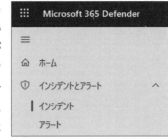

図3.29：インシデントとアラート

3つのアラートを含むインシデントが生成
アラートが生成
アラートが生成
アラートが生成
電子メールの添付ファイルを開いたら、PowerShellスクリプトが実行された
自動的にexeファイルが作成され実行された
レジストリに変更が加えられた

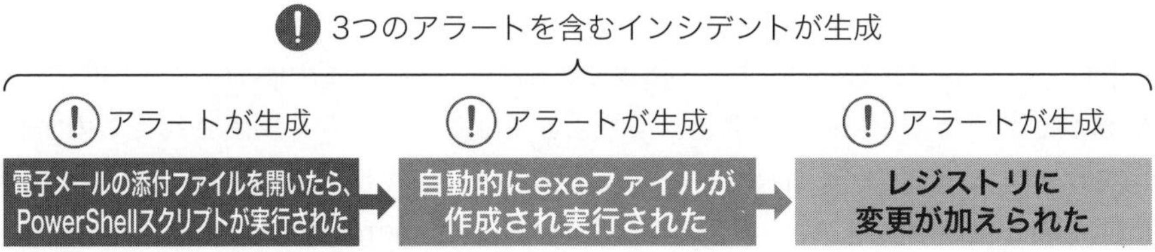

図3.30：アラートとインシデント

ここがポイント

Microsoft 365 Defenderポータルに表示されるインシデントは、アラートの集合体です。図3.31では、一番上に表示されているのがインシデントで、インシデントを展開することで、アラートが表示されます。

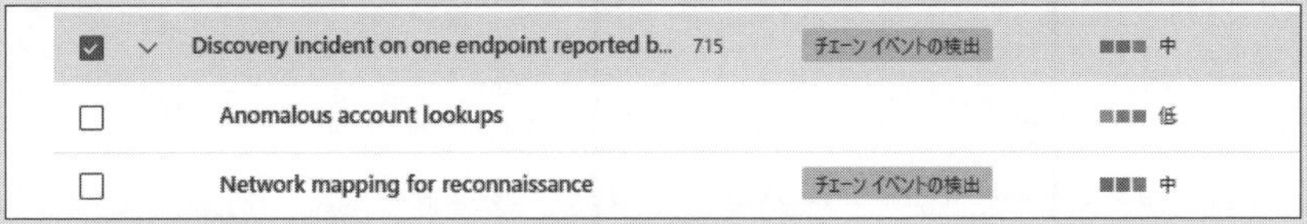

Discovery incident on one endpoint reported b... 715
チェーン イベントの検出
中
Anomalous account lookups
低
Network mapping for reconnaissance
チェーン イベントの検出
中

図3.31：インシデントとアラートが表示された

3.5.3 インシデントの確認

インシデントが検出されると、Microsoft 365 Defenderの［インシデント］ページにインシデントが表示されます。

図3.32：Microsoft 365 Defenderのインシデントページ

［インシデント］ページには、Microsoft Defender for Endpointだけではなく、Microsoft 365 Defenderに含まれるさまざまなサービスから検出されたものが表示されます。［インシデント］ページの［検出ソース］列を確認すると、Microsoft Defender for Cloud Appsや、MDO（Microsoft Defender for Office 365）、Microsoft Entra ID Protection（Azure AD Identity Protection）などが表示されているのが分かります（図3.33）。

サービスソース	検出ソース	最初のアクティビティ	最後のアクティビティ	データの秘密度
Microsoft Defender for...	Microsoft Defender for Cloud Apps	2023年5月23日 16:24	2023年5月23日 16:24	
Office 365	MDO	2023年5月23日 16:10	2023年5月23日 16:15	
Office 365	MDO	2023年5月23日 16:05	2023年5月23日 16:10	
Office 365	MDO	2023年5月19日 13:39	2023年5月19日 13:39	
Microsoft Defender for...	Microsoft Defender for Cloud Apps, ADD ID 保護	2023年5月17日 16:18	2023年5月17日 16:24	
Microsoft Defender for...	Microsoft Defender for Cloud Apps	2023年5月15日 13:32	2023年5月15日 13:32	
Microsoft Defender for...	Microsoft Defender for Cloud Apps	2023年5月12日 19:26	2023年5月12日 19:51	

図3.33：［インシデント］ページには、Microsoft 365 Defenderの各種サービスから検出されたインシデントが表示される

ここが　ポイント

［インシデント］ページには、Microsoft 365 Defenderに含まれる各種サービスから検出されたインシデントが表示されます。

目的のインシデントを選択すると、インシデントの情報を確認することができます。図3.34は、インシデントの［攻撃ストーリー］タブです。左側には、時系列でアラートが表示され、中央には、インシデントにどのようなデバイスやIPアドレス、プロセスやファイルが関わったのかが表示されます。

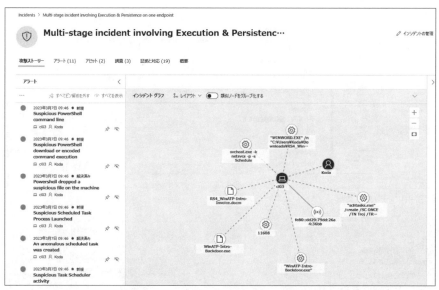

図3.34：インシデントの詳細ページ

また、［アセット］タブでは、インシデントに関連したデバイスやIDが表示されます。

図3.35：インシデントの［アセット］タブ

　[アセット] タブに表示されているデバイス名をクリックすると、デバイスの詳細が表示されます。

図3.36：デバイスページ

Microsoft 365 Defenderポータルの [インシデント] ページでは、アラートの影響を受けるデバイスを表示することができます。

3.6　Microsoft Defender for Cloud Apps

　Microsoft Defender for Cloud Appsは、CASB（Cloud Access Security Broker）に分類されるサービスです。クラウドサービスを導入することで、インターネット接続さえあれば、いつでも、どこからでもアクセスできるというメリットがあります。しかし、自由度が高い反面、機密情報を保護しないままクラウドにアップロードしてしまったり、個人で契約しているクラウドサービスに会社の機密情報が含まれたファイルを保存してしまうといったことが起きる可能性もあります。クラウドサービスの利便性を維持しながら、必要なセキュリティを維持するのがCASBの役割です。CASBの「B」はBroker（仲介者）の頭文字です。つまりユーザーとクラウドサービスの間に入って、さまざまな制御を行います。

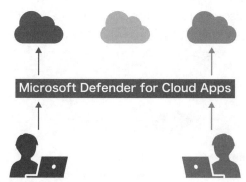

会社が契約するクラウドサービス

図3.37：CASB（Cloud Access Security Broker）

では、どのようなことがMicrosoft Defender for Cloud Appsでできるので
しょうか。Microsoft Defender for Cloud Appsでできることの一例として、い
くつか紹介します。

- クラウドアプリとの接続
- クラウドアプリへのプロキシアクセスと制御
- シャドーITの検出と制御
- 情報の保護

3.6.1 クラウドアプリとの接続

会社が契約しているクラウドアプリと、Microsoft Defender for Cloud Apps
を接続することができます。
これにより、接続先のクラウドアプリにどのようなデータが保存されているか、
ユーザーがどのようなアクティビティを行ったかを確認できるようになります。

3.6.2 クラウドアプリへのプロキシアクセスと制御

クラウドアプリをMicrosoft Defender for Cloud Appsに接続することによっ
て、プロキシアクセスが実現できます。つまり、ユーザーはクラウドアプリにア
クセスする際、Microsoft Defender for Cloud Appsを介してクラウドアプリに
アクセスするようになります。これにより、たとえば連続でサインインに失敗し

第3章

た場合に、クラウドアプリへのアクセスをブロックするなどの制御を行えるようになります。Microsoft Defender for Cloud Appsを介して接続している場合、接続時に次のような画面が表示されます。これは、Microsoft Defender for Cloud Appsによって監視されていることを示す画面です。

Microsoft Teams へのアクセスは監視されています

セキュリティを強化するため、組織は監視モードでの **Microsoft Teams** へのアクセスを許可しています。
Web ブラウザーからのみアクセスが可能です。

☐ すべてのアプリについて 1 週間この通知を非表示にする
☐ セッションの記録 ⓘ

➡ Microsoft Teams を続行する

図3.38：クラウドアプリの接続時、Microsoft Defender for Cloud Appsによって監視されていることを示す画面が表示される

　また、URLは、「mcas.ms」が追加され、Microsoft Defender for Cloud Appsを介して接続していることが分かります。

https://⬛⬛⬛⬛⬛⬛⬛⬛.access`mcas.ms`/aad_login

図3.39：URLに「mcas.ms」が追加される

💡 **HINT　MCASとは**

Microsoft Defender for Cloud Appsの以前の名称は、Microsoft Cloud App Securityでした。この頭文字を取ってMCAS（エムキャス）と呼ばれていました。

3.6.3 シャドーITの検出と制御

　シャドーITは、会社が認識していない方法やツールを用いて、会社のデータを持ち出したりする行為のことです。たとえば、会社で作成したデータを、個人が契約するストレージサービスなどに保存することです。シャドーITが日常的に行われていると、データを保存しているクラウドサービスがサイバー攻撃に遭うことで、機密情報が流出してしまう可能性があります。そのため、会社が契約していないクラウドサービスにデータを保存するといったことは絶対に禁止しなければいけません。Microsoft Defender for Cloud Appsでは、ユーザーが利用しているクラウドアプリを検出し、不適切なクラウドアプリへの接続をブロックすることができます。

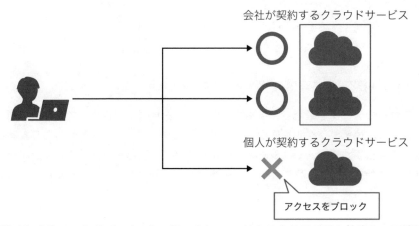

図3.40：Microsoft Defender for Cloud Appsではクラウドアプリを検出し、不適切なものはブロックできる

ここが
ポイント

Microsoft Defender for Cloud Appsでは、シャドーITの使用を発見し、不適切なアプリや非準拠アプリへのアクセスをブロックできます。

3.6.4　情報の保護

Microsoft Defender for Cloud Appsでは、接続したアプリに保存されている組織内のすべてのデータを管理者が確認できます。

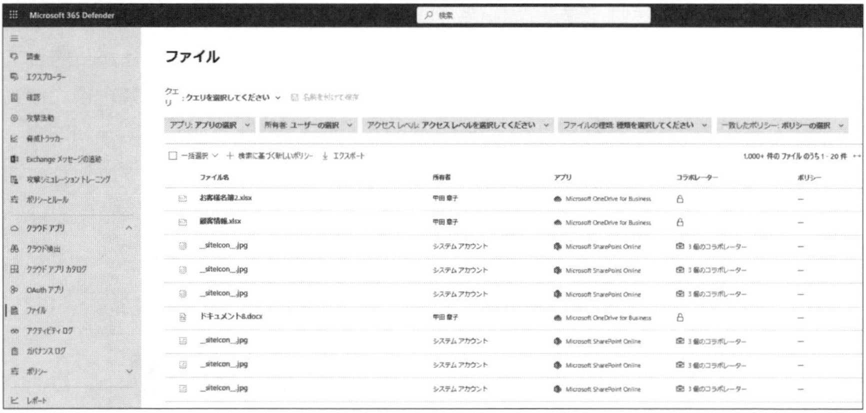

図3.41：組織内のすべてのデータを管理者は確認できる

　これらのデータを確認し、不適切な場所やサービスに保存されている機密情報があれば、秘密度ラベルを適用して暗号化したり、ファイルを削除したりすることができます。また、ポリシーを適用することで、決められた場所にファイルが保存されたら自動的に秘密度ラベルを適用して暗号化を行うといったことも可能です。

ここがポイント

Microsoft Defender for Cloud Appsでは、接続されているクラウドアプリに保存されている機密情報を保護することができます。

練習問題

問題 3-1
デバイスのMicrosoftセキュアスコアを表示するには、何を使用しますか。

A. Microsoft Defender for Cloud Apps
B. Microsoft Defender for Endpoint
C. Microsoft Defender for Identity
D. Microsoft Defender for Office 365

問題 3-2
電子メールの添付ファイルをスキャンし、マルウェアが検出されなかった場合のみ受信トレイに配信するサービスはどれですか。

A. Microsoft Defender for Endpoint
B. Microsoft Defender for Identity
C. Microsoft Defenderウイルス対策
D. Microsoft Defender for Office 365

問題 3-3
次のステートメントを完成させてください。

Microsoft 365 Defenderポータルでは、インシデントは相関する [　] の集合体です。

A. アラート
B. イベント
C. 脆弱性
D. Microsoftセキュアスコア改善アクション

問題 3-4
次の各ステートメントが正しい場合は「はい」を、正しくない場合は「いいえ」を選択してください。

① Microsoft Defender for Endpointは、Android端末を保護することができます。

② Microsoft Defender for Endpointは、Windows 10を実行するAzure仮想マシンを保護することができます。

③ Microsoft Defender for Endpointは、SharePoint Onlineのサイトとコンテンツをウイルスから保護することができます。

問題 3-5

次の各ステートメントが正しい場合は「はい」を、正しくない場合は「いいえ」を選択してください。

① Microsoftセキュアスコアが高いということは、Microsoft 365で定義されたリスクが低いということです。

② Microsoftセキュアスコアは、多要素認証（MFA）を適用するとスコアが上がります。

③ Microsoftセキュアスコアは、データのセキュリティやガバナンス、コンプライアンス規制や標準を含むアクションの完了と進捗を測定します。

問題 3-6

次のステートメントを完成させてください。

[　] は、オンプレミスのActive Directoryの信号を活用して高度な脅威を識別、検出、調査するクラウドベースのソリューションです。

A. Microsoft Defender for Cloud Apps

B. Microsoft Defender for Endpoint

C. Microsoft Defender for Identity

D. Microsoft Defender for Office 365

問題 3-7

Microsoft 365 Defenderポータルで利用できる2つのカードはどれですか。それぞれの正解は、完全な解決策を提示します。

A. 危険性のあるユーザー

B. コンプライアンススコア

C. サービスの健全性

D. ユーザー管理

E. 危険性のあるデバイス

問題 3-8

セキュリティ傾向を表示し、IDの保護状態を追跡するには、Microsoft 365 Defenderポータルで何を使用する必要がありますか。

A. レポート

B. インシデント

C. ハンティング

D. セキュアスコア

練習問題の解答と解説

問題 3-1 正解 B　　参照 3.5　Microsoft Defender for Endpoint

デバイスのセキュアスコアは、Microsoft Defender for Endpointの機能です。

問題 3-2 正解 D　　参照 3.4　Microsoft Defender for Office 365

電子メールの添付ファイルをスキャンし、マルウェアが検出されなかった場合のみ受信トレイに配信するサービスは、Microsoft Defender for Office 365です。

問題 3-3 正解 A　　参照 3.5.2　インシデントとアラート

インシデントは、関連するアラートの集合体です。

問題 3-4 正解 以下を参照　　参照 3.5.1　デバイスのオンボード

①はい

Microsoft Defender for Endpointを使用すると、Android端末をオンボードして保護することができます。

②はい

Windows 10を実行するAzure仮想マシンを、Microsoft Defender for Endpoint

155

にオンボードして保護することができます。

③いいえ

Microsoft Defender for Endpointは、デバイスを脅威から保護するサービスです。SharePointのサイトやコンテンツは保護対象ではありません。

問題 3-5 正解＞以下を参照 参照 3.2　Microsoft 365 Defenderポータル

①はい

セキュアスコアが高いということは、必要とするセキュリティ対策がより多くできているということです。つまりリスクは低いということになります。

②はい

多要素認証（MFA）を有効にするとセキュアスコアは向上します。

③いいえ

この説明はコンプライアンスマネージャーを表しています。セキュアスコアではコンプライアンス規制や標準を含むアクションの完了と進捗を測定することはできません。

問題 3-6 正解＞C 参照 3.3　Microsoft Defender for Identity

　オンプレミスのActive Directoryの信号を活用して脅威を検出することができるのは、Microsoft Defender for Identityです。

問題 3-7 正解＞A、E 参照 3.2　Microsoft 365 Defenderポータル

　Microsoft 365 Defenderポータルの［ホーム］画面には、セキュリティに関する情報を確認するためのカードが数多く表示されています。選択肢のうち、利用可能なカードは、危険性のあるユーザーと危険性のあるデバイスです。

問題 3-8 正解＞A 参照 3.2.4　レポート

　Microsoft 365 Defenderの［レポート］ページのセキュリティレポートでは、セキュリティの傾向に関する情報を表示し、ID、データ、デバイス、アプリ、インフラストラクチャの保護の状態を追跡することができます。

第 **4** 章

Microsoft Azureのセキュリティ ソリューションの機能を説明する

本章では、Azureのリソースをセキュリティで保護するために用意されているAzureのサービスや機能を解説します。またクラウドサービス全体をセキュリティで管理するためのサービスとして「Microsoft Defender for Cloud」があります。ここでは、Microsoft Defender for Cloudの概要と使用できる機能についても解説します。

理解度チェック・・・

- ☐ 仮想ネットワーク
- ☐ サブネット
- ☐ ネットワークセグメンテーション
- ☐ ネットワークセキュリティグループ
- ☐ Azure Firewall
- ☐ Web Application Firewall
- ☐ Azure Application Gateway
- ☐ Azure DDoS Protection
- ☐ Azure Bastion
- ☐ Microsoft Defender for Cloud
- ☐ Microsoft Defender for CloudのCSPM
- ☐ Microsoft Defender for CloudのCWP

- ☐ XDR
- ☐ SIEM
- ☐ Microsoft 365 Defender
- ☐ Microsoft Sentinel
- ☐ SOAR
- ☐ Log Analyticsワークスペース
- ☐ コネクタ
- ☐ ブック（Azure Monitorブック）
- ☐ ハンティングクエリ
- ☐ プレイブック
- ☐ Azure Logic Apps

アクセスキー **m**

（小文字のエム）

4.1　Azureの基本的なセキュリティ機能

Microsoft Azureは、マイクロソフトのクラウドコンピューティングサービスで、IaaSとPaaSのサービスを提供しています。Azureには、仮想マシン、Webアプリ、データベースなどさまざまなリソースを作成することができ、作成されているリソースを保護するためのサービスが提供されています。ここでは、Azureが提供する基本的なセキュリティ機能について説明します。

4.1.1　Azure Virtual Networkによるネットワークセグメンテーション

Azure Virtual Network（仮想ネットワーク）は、Azure仮想マシンなどを配置するためのプライベートネットワークです。仮想ネットワークを必要に応じてセグメント化（分割）し、セキュリティ要件に合わせたネットワークを構成できます。ここでは仮想ネットワークの基本的な概念と、仮想ネットワークセグメンテーションについて説明します。

■Azure Virtual Network（仮想ネットワーク）とは

Azure Virtual Network（仮想ネットワーク）とは、Azure上に作成するプライベートネットワークで、Azureの管理ツール（Azure portalなど）から簡単に作成できます。仮想ネットワークを作成する際は、次のような情報を指定します。

- 名前
- リージョン（場所）
- アドレス空間（IPアドレスの範囲）

仮想ネットワークには少なくとも1つサブネットが必要で、サブネットには仮想ネットワークのアドレス空間内のアドレス範囲を割り当てます。仮想マシンをサブネットに配置すると、仮想マシンにはサブネットに設定したアドレス範囲から自動的にIPアドレスが割り当てられます。仮想マシンは割り当てられたIPアドレスを使用して、Azure内部のさまざまなリソースと通信することができます。図4.1では、仮想ネットワークのアドレス空間として「10.0.0.0/16」を指定しています。そして仮想ネットワーク内には2つのサブネットが作成されており、それぞれのサブネットにはアドレス範囲として「10.0.1.0/24」と「10.0.2.0/24」

が指定されています。

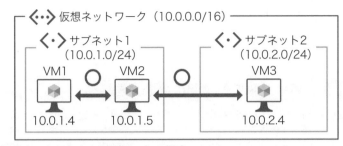

図4.1：仮想ネットワークとサブネットの概念

　図4.1のサブネット1に配置されているVM1仮想マシンにはサブネット1のアドレス範囲の中から「10.0.1.4」が割り当てられており、VM2仮想マシンには、「10.0.1.5」が割り当てられています。そしてサブネット2に配置されているVM3仮想マシンにはサブネット2のアドレス範囲の中から「10.0.2.4」のIPアドレスが割り当てられています。仮想マシンはこの割り当てられたIPアドレスを使って、Azure内部の仮想マシンなど他のリソースと通信します。

■ 仮想マシン間の通信
　仮想マシンは、同じサブネットに配置されている他の仮想マシンと通信できますが、同じ仮想ネットワーク内の異なるサブネット上の仮想マシンとも既定で通信できるようになっています（図4.1）。しかし、他の仮想ネットワークに配置されている仮想マシンとは既定で通信できないようになっているため、必要に応じて仮想ネットワーク間を接続する必要があります（図4.2）。

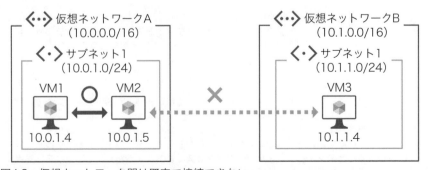

図4.2：仮想ネットワーク間は既定で接続できない

　この仕組みを利用して、特定の仮想マシンとの間の接続を制限することができます。たとえば、VM3仮想マシンを他の仮想マシンと接続させたくない場合は、あえて異なる仮想ネットワーク（仮想ネットワークB）に配置することで、簡単にそれを実現できます（図4.2）。

HINT　仮想ネットワーク間の接続方法

異なる仮想ネットワーク間に配置されている仮想マシンは、既定で通信できないようになっています。異なる仮想ネットワークの仮想マシンと通信が必要な場合は、「仮想ネットワークピアリング」や「VNet対VNet接続」などの方法を利用して仮想ネットワーク間を接続する必要があります。
接続方法についての詳細は、次のマイクロソフトの公式ドキュメントを参照してください。

「仮想ネットワークピアリング」
https://learn.microsoft.com/ja-jp/azure/virtual-network/virtual-network-peering-overview

「VNet間VPNゲートウェイ接続-Azure portalの構成」
https://learn.microsoft.com/ja-jp/azure/vpn-gateway/vpn-gateway-howto-vnet-vnet-resource-manager-portal

ここが
ポイント

仮想マシンを他の仮想マシンと通信させたくない場合は、異なる仮想ネットワークに配置することで通信を制限することができます。

HINT　Azureで使用するIPアドレス

Azureの仮想マシンなどのリソースには、次の2種類のIPアドレスを割り当てることができます。
・プライベートIPアドレス（必須）
仮想マシンなどのリソースを仮想ネットワークのサブネットに作成すると、サブネットに設定されているアドレス範囲の中から使われていないものが、自動的に割り当てられます。これはAzure内部の通信に使用されます。

・パブリックIPアドレス（オプション）
パブリックIPアドレスは、インターネットと通信する際に必要となるIPアドレスです。パブリックIPアドレスとはインターネットで一意なIPアドレスで、一般的にグローバルIPアドレスとも呼ばれます。パブリックIPアドレスは、インターネットから直接仮想マシンなどのリソースに接続させたい場合に必要です。ただし、パブリックIPアドレスを仮想マシンに割り当てるとインターネットから直接アクセスできてしまうため、セキュリティを考慮して運用環境用の仮想マシンには割り当てないケースが多いです。

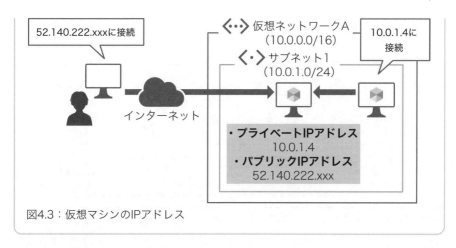

図4.3：仮想マシンのIPアドレス

■ ネットワークセグメンテーションとは

ネットワークセグメンテーションとは、ネットワークを複数のセグメントに分割し、それぞれを小さなネットワークとして機能させることです。前述したように仮想ネットワークには、複数のサブネットを作成することができ、同じ仮想ネットワーク内のサブネット間は既定で通信が許可されています。しかし、組織のセキュリティ要件に合わせて、サブネット間の通信を制限するように構成することもできます。

サブネット間の通信を制限したい場合、次のようなサービスを使用します。

- ネットワークセキュリティグループ（NSG）
- Azure Firewall

 参照　ネットワークセキュリティグループとAzure Firewall

ネットワークセキュリティグループ（NSG）についての詳細は、「4.1.2 ネットワークセキュリティグループ」を参照してください。
またAzure Firewallについての詳細は、「4.1.3 Azure Firewall」を参照してください。

たとえば、アプリケーションサーバーがデータベースサーバーにアクセスするには、必ずネットワーク仮想アプライアンスを経由しなければならないという要件があるとします。そのような場合は、図4.4のようにサブネットを構成します。データベースサーバーが配置されているBackendSNサブネットには、ネットワーク仮想アプライアンスが配置されているDMZSNサブネットからしか接続できな

いという規則をネットワークセキュリティグループ（NSG）に設定します。

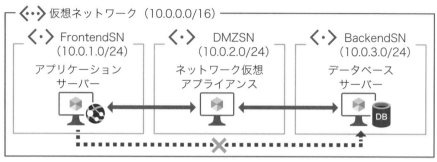

図4.4：ネットワークセグメンテーションの例

　すると、BackendSNサブネットへは、DMZSNサブネットからしか接続ができない状態になります。このように仮想ネットワークにサブネットを複数作成することにより、仮想ネットワークがセグメント化されて、組織のセキュリティ要件に合わせた構成ができます。

HINT　ネットワーク仮想アプライアンスとは

ネットワーク仮想アプライアンス（NVA）とは、ルーターやファイアウォールなどのネットワークアプライアンス機器をAzureの仮想マシンとして提供しているものです。さまざまなサードパーティの製品がAzure Marketplaceから提供されているため、お気に入りの製品をAzureの環境でも利用できます。

注意

図4.4の構成で通信を行うには、ネットワークセキュリティグループ（NSG）で通信を制限するだけではなく、FrontendSNサブネットからBackendSNサブネットへ接続するために、必ずDMZSNサブネット内のネットワーク仮想アプライアンスを経由しなければならないというルートをルートテーブルに追加する必要があります。
ルートテーブルは試験範囲に含まれていないため本書では説明しませんが、ルートテーブルについての詳細を知りたい方は、次のマイクロソフトの公式ドキュメントを参照してください。

「ルートテーブルの作成、変更、削除」
https://learn.microsoft.com/ja-jp/azure/virtual-network/manage-route-table

4.1.2 ネットワークセキュリティグループ

　ネットワークセキュリティグループ（Network Security Group:NSG）とは、Azureの仮想マシンなどへの通信を制御するパーソナルファイアウォールです。一般的にファイアウォールとは、企業などのネットワークに不正にアクセスしてくる通信を管理者が設定したルールに従って防御できるシステムです。一方、パーソナルファイアウォールは、1台1台のクライアントPCを保護することを目的としたファイアウォールです。NSGにセキュリティ規則（ルール）を構成することにより、仮想マシンなどへの不正なアクセスをブロックし、適切な通信のみを許可することができます。たとえば、WebサイトをホストするWebサーバーをAzure仮想マシンで構成したとしましょう。インターネットから、この仮想マシンにHTTPで接続できるようにしたいという場合は、NSGにインターネットからHTTPによる接続を許可するルールを構成します。すると、インターネットからその仮想マシンにはHTTPでの接続が許可されますが、それ以外の通信はブロックされます（図4.5）。

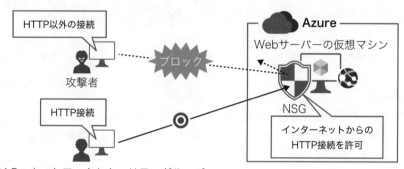

図4.5：ネットワークセキュリティグループ

ここが
ポイント

ネットワークセキュリティグループ（NSG）は、外部からの通信も内部からの通信も制御できます。

　NSGには、次の2種類の規則があります。

● **受信セキュリティ規則**

仮想マシンへの接続（インバウンド）が規則に従って許可または拒否されます。

● **送信セキュリティ規則**

仮想マシンから送信する通信（アウトバウンド）が規則に従って許可または拒否されます。

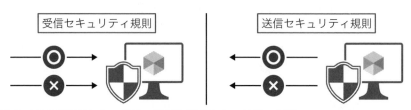

| 受信セキュリティ規則 | 送信セキュリティ規則 |

図4.6：NSGの受信セキュリティ規則と送信セキュリティ規則

ここが
ポイント

> ネットワークセキュリティグループ（NSG）は、受信（インバウンド）トラフィックも送信（アウトバウンド）トラフィックも制御できます。

セキュリティ規則を作成する場合に使用する主な項目は次の通りです。

・**ソース**

送信元をIPアドレスなどで指定します。タグを利用すると、IPアドレスを使わずに特定のネットワーク（仮想ネットワークやインターネットなど）を指定できるため、規則が作成しやすくなります。

・**宛先**

宛先をIPアドレスなどで指定します。ソースと同様に宛先でもタグを利用できます。

・**ポート番号**

接続を許可または拒否したいポート番号を指定します。

・**プロトコル**

TCP、UDP、ICMPなど通信に使用するプロトコルを指定します。

・**アクション**

許可または拒否を指定します。

・**優先度**

100から4096の数値を指定します。複数の規則が存在する場合は、優先度に従って処理されます。数値が小さい方が優先度は高くなります。

図4.7：受信セキュリティ規則の追加画面

たとえば、インターネットから仮想マシンに対してリモートデスクトップ（RDP）接続を許可したい場合は、次のような受信セキュリティ規則を構成します。

・ソース：インターネット（サービスタグ）
・宛先：Any
・ポート範囲：3389（RDPのポート番号）
・アクション：許可
・優先度：310

このようなセキュリティ規則を含むNSGを仮想マシンに割り当てると、インターネットからのリモートデスクトップ接続が許可されます。

> ### HINT　ポート番号とは
>
> ポート番号とは、コンピューターがTCP/IP通信に使用するプログラムを識別するための番号です。コンピューターはさまざまな機能（プログラム）を持っているため、接続するにはコンピューターに割り当てられているIPアドレスだけではなく、そのコンピューターで動いているプログラムも指定する必要があります。ポート番号を説明するための分かりやすい例として、マンションの部屋番号があります。たとえば、SCマンションの900号室に住むAさんに郵便物を届けるには、マンションの番地（IPアドレス）だけでは確実に配達することができません。Aさんに確実に郵便物を届けるには、部屋番号（ポート番号）も必要です。
> たとえば、ユーザーがWebサイトを閲覧したい場合は、Webサイトを閲覧するためのプログラム（HTTP）に接続する必要があります。Webサイトを閲覧する際は、WebサーバーのIPアドレスとHTTPのポート番号である80番を指定します。また、メールサーバーにメールを送信するには、メールを送信する際のプログラム（SMTP）に接続する必要があります。メールサーバーにメールを送信するには、メールサーバーのIPアドレスとSMTPのポート番号である25番を指定します。

セキュリティ規則を構成したNSGを、仮想マシンのネットワークインターフェイス、または仮想ネットワークのサブネットに割り当てることができます（図4.8）。

ネットワークインターフェイスへの 関連付け	サブネットへの関連付け
 仮想マシン単位で NSGを適用	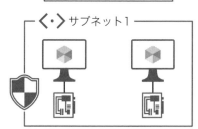 サブネット内の複数の 仮想マシンにNSGを適用

図4.8：NSGの関連付け先

NSGを仮想マシンのネットワークインターフェイスに割り当てると、仮想マシンごとに異なるルールを適用できますが、仮想ネットワークのサブネットに割り

当てるとサブネット内のすべての仮想マシンにまとめて規則を適用することができきます。複数の仮想マシンに同じ規則を適用したい場合は、サブネットを利用するのが便利です。

> **ここが ポイント**
>
> ネットワークセキュリティグループ（NSG）は、仮想マシンのネットワークインターフェイスと仮想ネットワークのサブネットに関連付けることができます。

4.1.3 Azure Firewall

　Azure Firewallとは、Azure仮想ネットワークに配置するクラウドベースのステートフルなファイアウォールです。Azure Firewallを作成すると、インターネット、オンプレミス、仮想ネットワーク間などさまざまな通信を制御できます。Azure Firewallは最高レベルのセキュリティを提供し、高い柔軟性と拡張性に優れています。Azure Firewallには、脅威インテリジェンスベースのフィルター機能があり、既知の悪意のあるIPアドレスやURLからのトラフィックを自動的にブロックすることができます。また、ファイアウォール規則を構成すると、IPアドレス、プロトコル、ポート番号、URLなどでのフィルタリングを行うことができ、必要な通信のみを許可するように構成できます。

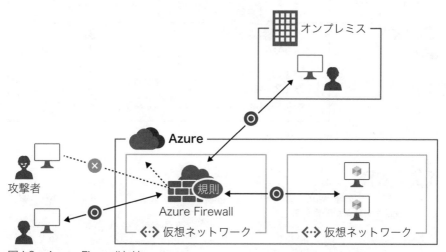

図4.9：Azure Firewallとは

Azure Firewallはファイアウォールの規則に従い、トラフィックをフィルタリングします。

Azure Firewallは仮想ネットワークに配置し、Azure内部のリソース（Azure 仮想マシンなど）を保護できます。

　また、Azure Firewallにはネットワークアドレス変換（Network Address Translation：NAT）の機能もあり、通信に使用するIPアドレスやポート番号を変換することができます。Azure FirewallにNATの規則を作成すると、インターネットから仮想マシンに接続する際に、仮想マシンのIPアドレスの代わりにAzure Firewallに割り当てられているIPアドレスでアクセスすることができます。したがって、仮想マシンに直接グローバルIPアドレスを割り当てる必要がないため、インターネット上の悪意のあるユーザーにアクセスされる可能性を大幅に少なくすることができます。

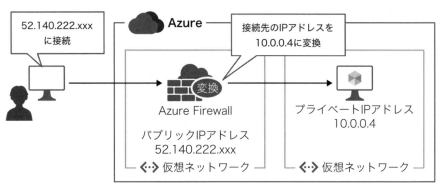

図4.10：Azure FirewallのNAT機能

Azure FirewallのNetwork Address Translation（NAT）機能で、IPアドレスやポート番号を変換することができます。

4.1.4 Azure Web Application Firewall

Azure Web Application Firewall（WAF）は、Webサーバーに特化したファイアウォールサービスで、SQLインジェクションやクロスサイトスクリプティングなどのWebアプリケーションの脆弱性を悪用する攻撃から保護することができます。

HINT SQLインジェクションとクロスサイトスクリプティング

SQLインジェクションとは、攻撃者がWebアプリケーションの脆弱性などを利用して不正にデータベースにアクセスし、データの改ざんや削除を行う攻撃です。
一方、クロスサイトスクリプティングとは、攻撃者が悪意のあるコードをスクリプトとして実行させ、個人情報の盗用などを行う攻撃です。

WAFは、Azure Application Gatewayサービスなどと連携させて使用します。たとえば、障害対策や負荷分散を目的に複数のWebアプリケーションを作成したとしましょう。ユーザーのアクセスが、それらのWebアプリケーション間で自動的に振り分けられるようにしなければなりません。それを実現できるのが、Webサーバーに特化したトラフィック分散機能を提供するAzure Application Gatewayサービスです。

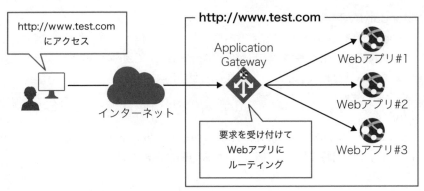

図4.11：Application Gatewayサービス

> ### 💡 HINT　WAFと連携するサービスについて
>
> WAFは、Azure Application Gatewayのほかに、次のサービスとも連携して使用することができます。
>
> ・Azure Contents Delivery Network（CDN）
> 　ユーザーに、さまざまなWebコンテンツを迅速に配信するためのサービスです。
>
> ・Azure Front Door
> 　ユーザーにWebコンテンツを迅速に配信するサービスに加えて、負荷分散の機能などを提供します。
>
> 詳細は、マイクロソフトの公式ページをご確認ください。
>
> 「Azure 上のコンテンツ配信ネットワークとは」
> https://learn.microsoft.com/ja-jp/azure/cdn/cdn-overview
>
> 「Azure Front Doorとは」
> https://learn.microsoft.com/ja-jp/azure/frontdoor/front-door-overview

Application Gatewayには、次の4種類のレベルが提供されています。

● Standard
一番安価なレベルです。基本的なトラフィック分散機能を提供します。

● Standard V2
Standardレベルの機能に加え、高度な機能を提供します。たとえば、トラフィック負荷の変化に基づいて自動的にApplication Gatewayのインスタンス数を増減できる「自動スケール」の機能などが使用できます。

● WAF
Standardレベルの機能に加え、WAFの機能を提供します。トラフィック分散だけではなく、同時に悪意のある攻撃から防御できます。

● WAF V2
Standard V2の機能に加え、WAFの機能を提供します。一番高価なレベルです。

　Application Gatewayを作成する際に、レベルとしてWAFやWAF V2を選択すると、Webアプリに対するトラフィックを振り分けるだけではなく、WAFの機能で悪意のある攻撃から防御できます。

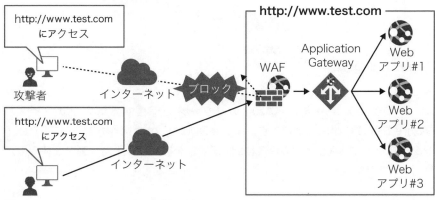

図4.12：Application GatewayとWAF

> Azure Application Gatewayは、Webアプリケーションに対するトラフィックを分散させるだけではなく、WAF（Web Application Firewall）の機能も使用できます。

4.1.5 Azure DDoS対策

　DoS攻撃（Denial of Service attack）とは、サービス拒否攻撃のことで、対象のWebサイトやWebサーバーへ大量のデータや不正なデータを送り、システムをダウンさせる攻撃です。Webサーバーに大量のデータなどが送られると、サーバーはその処理に追われパフォーマンスが落ち、やがてシステムがダウンしてしまいます。現在はDoS攻撃ではなく、複数のコンピューターから同時にDoS攻撃を行う分散サービス拒否（Distributed Denial of Service:DDoS ）攻撃が主流です。DDoS攻撃は複数のコンピューターを踏み台にし、一斉に攻撃をしかけるため、より対処が困難です（図4.13）。

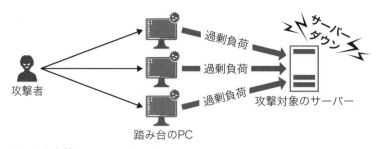

図4.13：DDoS攻撃

　このようなDDoS攻撃からAzureのリソースを保護するためのサービスが
「Azure DDoS Protection」です。Azure DDoS Protectionサービスにより、イ
ンターネットからAzureへの接続はDDoS攻撃を排除した正当なアクセスのみが
許可されます（図4.14）。

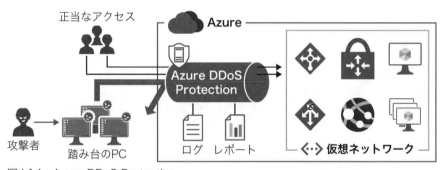

図4.14：Azure DDoS Protection

Azure DDoS Protectionには、次の2つのプランがあります。

 注意

Azure DDoS Protectionのプランの変更
Azure DDoS Protectionのプランが変更されており、以下で説明しているBasicプラン、
Standardプランは現在提供されていません。しかし試験では、Basicプラン、Standard
プランが出題されているため（本書執筆時点）、本書では以前のプランを主に説明します。
新しいプランについては、ヒントを参照してください。

■ Basicプラン

Basicプランは無料で使用することができ、既定で有効になっています。したがって、管理者が特に何もしなくても、Azure DDoS ProtectionのBasicプランにより、DDoS攻撃が常時監視され、Azureのリソースは保護されています。しかし、Basicプランには、どのような攻撃が行われたのかを確認するためのログやレポート機能がありません。

■ Standardプラン

StandardプランではBasicプランで提供されている機能に加えて、仮想ネットワークのリソースに対する攻撃の軽減機能などが提供されます。仮想ネットワークでStandardプランを有効にすると（図4.15）、月額固定料金が発生し、パブリックIPアドレスを持つリソース（100個まで）をDDoS攻撃から保護できます。Standardプランには、Basicプランにはないログやレポート機能が用意されており、攻撃中は5分ごとに詳細なレポートが作成され、攻撃終了後には攻撃全体の完全な概要レポートが提供されます。

図4.15：DDoS Protection Standardの有効化

ここが
ポイント

DDoS Protection Standardは、仮想ネットワーク単位で有効にし、仮想ネットワーク内のパブリックIPアドレスを持つリソースをDDoS攻撃から保護できます。

HINT Azure DDoS Protectionの新しいプラン

現在提供されているAzure DDoS Protectionのプランは、次の3種類です。

・インフラストラクチャレベルのDDoS（無償）
以前のBasicと同等の機能です。

・ネットワーク保護（有償）
ネットワーク保護プランは、以前のStandardプランに相当します。固定の月額料金（本書執筆時点で東日本リージョンは月額￥415,791）が発生し、100個のパブリックIPアドレスを持つリソースの保護が料金に含まれます。パブリックIPアドレスを持つリソースが100を超える場合は、1リソースに付き追加の費用（￥4,157.9）が発生します。

・IP保護（有償）
IP保護プランは、個々のパブリックIPアドレスを持つリソースを保護するために使用され、リソース数の少ない環境で選択します（保護するリソース数が15個を超える場合は、ネットワーク保護プランの方がお得）。保護されたリソースごとに固定の月額料金（本書執筆時点で東日本リージョンは1リソースに付き￥28,110）が発生します。

4.1.6 Azure Bastion

　Azureに作成した仮想マシンを管理するためには、仮想マシンに接続する必要があります。主にWindowsの仮想マシンにはリモートデスクトップで接続し、Linuxの仮想マシンにはSSHで接続します。仮想マシンにインターネットからのリモートデスクトップ接続やSSH接続を許可するには、仮想マシンにパブリックIPアドレスを割り当て、さらにネットワークセキュリティグループ（NSG）に許可のルールを構成する必要があります。ここまで説明してきたように、仮想マシンにパブリックIPアドレスを割り当てると、インターネットから直接アクセスできてしまうため、悪意のあるユーザーからもアクセスできるようになってしまいます。さらに、NSGにインターネットから3389番ポート（RDP）や22番ポート（SSH）でアクセスできるようにセキュリティ規則を構成すると、悪意のあるユーザーに仮想マシンを無防備に晒すことになり大変危険です。3389番ポートや22番ポートは、一般的によく知られたポート番号の1つです。他にもHTTPの80番、SMTPの25番などがあります。この有名なポート番号をNSGで許可してしまうと、仮想マシンに不正アクセスされてしまう危険性が一気に高まります。筆者もセミナーで仮想マシンにパブリックIPアドレスを割り当て、NSGに3389番許可のルールを設定していたら、不正アクセスされてしまった経験があります（簡単

なパスワードを設定していたことも原因の1つです)。したがって運用で利用している仮想マシンに対しては、セキュリティを考慮し、このような設定はするべきではありません(図4.16)。

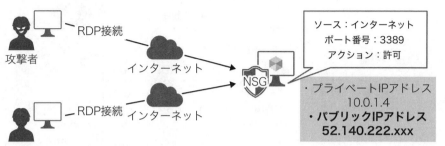

図4.16:仮想マシンの危険な構成

Azureには、インターネットからの仮想マシンへの接続を安全に提供するための「Azure Bastion」というサービスがあります。Azure Bastionを作成するには、仮想ネットワークに「AzureBastionSubnet」という名前の専用のサブネットを作成し、そのサブネットにBastionリソースを作成します。するとAzure portalからBastion経由で仮想マシンにアクセスできるようになります。Azure Bastionサービスの特徴としては、接続はAzure portalから行うため、インターネットからの接続にHTTPSを使用します。

> ## 💡 HINT HTTPSとは
>
> HTTPSとは、SSL(暗号化通信)によってセキュリティを高めたHTTPのことで、インターネット経由で大事なデータを暗号化された状態でやり取りする時に使われるプロトコルです。

一般的に企業のファイアウォールでは、HTTPやHTTPSは許可されているため、制限が厳しい企業のネットワークからも安全にAzureの仮想マシンにリモートデスクトップ接続ができます。そしてセキュリティの懸念事項としてあった仮想マシンへのパブリックIPアドレスの割り当てですが、Azure Bastion経由で接続するため、仮想マシンにパブリックIPアドレスは割り当てる必要はありません。またNSGに設定するセキュリティ規則ですが、AzureBastionSubnetに関連付けているNSGには、図4.17のようにインターネットから443番(HTTPS)を許可す

るルールを構成します。

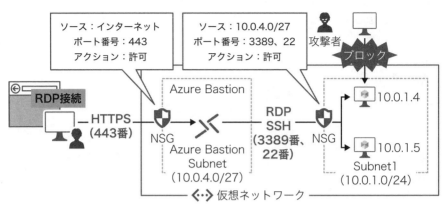

図4.17：Azure Bastionサービス

　そして仮想マシン側のサブネットに関連付けるNSGには、AzureBastion Subnetから3389番（RDP）と22番（SSH）を許可する規則を構成します。このようにNSGを構成すると、インターネットから接続を受け付けるAzureBastion Subnetは安全なHTTPSのみ接続を受け付け、仮想マシン側のサブネットはAzureBastionSubnetからのみRDP接続とSSH接続を受け付けます。

ポイント

Azure Bastionサービスを使用すると、インターネット経由で仮想マシンに安全に接続することができます。

　Bastion経由で仮想マシンにリモートデスクトップで接続するには、Azure portalで接続したい仮想マシンの画面を表示し、［Bastion］メニューをクリックします。そしてリモートデスクトップ接続用の管理者名とパスワードを指定し接続します（図4.18）。するとその仮想マシンと同じ仮想ネットワーク内にあるBastionを経由して、リモートデスクトップ接続ができます。

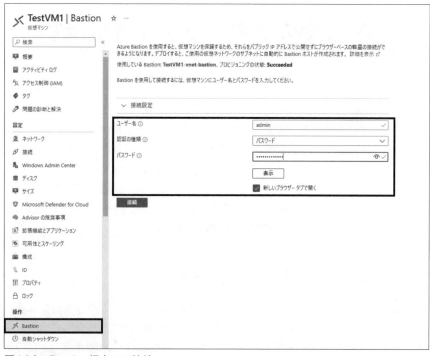

図4.18：Bastion経由での接続

Azure Bastionを使用して仮想マシンに接続するには、Azure portalを使用します。

Azure Bastionは、接続したい仮想マシンが配置されている仮想ネットワークごとに作成します。

4.2 Azureのセキュリティ管理機能

　組織ではクラウドの利用が年々盛んになっています。それに従い、マイクロソフトのAzureだけではなく、AmazonのAWS（Amazon Web Services）やGoogleのGCP（Google Cloud Platform）などを同時に利用するマルチクラウドを導入している組織も増えています。マルチクラウドを活用すると、各クラウドサービスの特徴を生かした優れたシステムを構築できますが、管理が複雑になりがちです。そこで、マイクロソフトには「Microsoft Defender for Cloud」というマルチクラウドのリソースをセキュリティ保護できるサービスがあります。ここでは、Microsoft Defender for Cloudの概要、そしてMicrosoft Defender for Cloudが提供するさまざまな機能を説明します。

4.2.1 Microsoft Defender for Cloud

　Microsoft Defender for Cloudはクラウドネイティブアプリケーション保護プラットフォーム（CNAPP）で、さまざまなサイバー脅威や脆弱性からクラウドのリソースを保護するように設計されています。Microsoft Defender for Cloudは、Azureのリソースだけではなく、オンプレミスの物理サーバーや仮想マシン（ハイブリッドクラウドリソース）、そしてAzure以外のクラウドサービスであるAWSやGCP（マルチクラウドリソース）も評価し、保護します。また組織が複数のAzureサブスクリプションを保有している場合は、複数のサブスクリプションにあるリソースを横断的に評価できます（図4.19）。

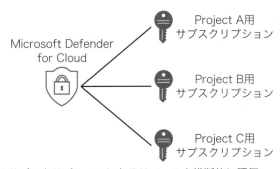

図4.19：複数のサブスクリプションにあるリソースを横断的に評価

Microsoft Defender for Cloudは、Azureのセキュリティベースラインをもとに、クラウド環境の評価、推奨事項の表示を行います。Azureセキュリティベースラインのもととなっている「Microsoftクラウドセキュリティベンチマーク」は、Center for Internet Security（CIS）やNational Institute for Standards in Technology（NIST）などの既知の業界標準とAzureのベストプラクティスが取り込まれたガイドラインです。

Microsoft Defender for Cloudが有効になると、Microsoftクラウドセキュリティベンチマークの内容がセットされたAzure Policyのイニシアチブがサブスクリプションに対し有効になり、そのポリシーをもとに評価されます。

 参照 Azure Policyについて

Azure Policyについては、第6章の「6.1.2 Azureポリシー」を参照してください。

 ここが **ポイント**

> Microsoft Defender for Cloudは、Microsoftクラウドセキュリティベンチマークをもとにクラウド環境を評価し、推奨事項を表示します。

Microsoft Defender for Cloudは、さまざまな保護対象からセキュリティ構成やセキュリティログを収集し、マイクロソフトの機械学習を使って脅威を検出します。そして対象に合わせたセキュリティ事項を表示します（図4.20）。

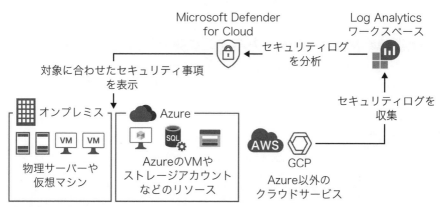

図4.20：Microsoft Defender for Cloud

第4章

179

　Microsoft Defender for Cloudを利用すると、さまざまな場所に分散するクラウドリソースを1つの管理画面で一元的に管理できるため、セキュリティ管理者の負担を軽減することができます。

　Microsoft Defender for Cloudは、主に次の2つの柱で構成されています。

■ CSPM（Cloud Security Posture Management:クラウドセキュリティ態勢管理）

　Microsoft Defender for Cloudには、CSPM（Cloud Security Posture Management:クラウドセキュリティ態勢管理）機能が含まれています。CSPMとは、クラウドインフラストラクチャにあるセキュリティリスクを自動的に特定する機能のことで、クラウド環境全体のセキュリティ評価やコンプライアンスの監視を行います。Microsoft Defender for Cloudには、「一元化されたポリシー管理」「セキュアスコア」「マルチクラウドカバレッジ」などの機能があり、組織が使用しているクラウドサービス全体のセキュリティ態勢の改善に役立ちます。

■ クラウドワークロードの保護

　CWP（Cloud Workload Protection:クラウドワークロード保護）では、サーバー、コンテナー、ストレージ、データベースなどクラウド上のワークロード（サービス）に対する脅威の検査と対処ができます。保護が必要なワークロード用のサービスを有効にすると、脆弱性をスキャン、ファイル改ざん検知、サーバーのハードニングなどが行われます。

HINT　サーバーのハードニングとは

サーバーのハードニング（Hardening）とは、攻撃を誘発する脆弱性や不必要なサービスを除去し、対象のサーバーなどを強化するためのプロセスのことです。

ここが　ポイント

Microsoft Defender for Cloudは、Azureのリソース、オンプレミスのリソース（ハイブリッドクラウドリソース）、Azure以外のクラウドサービスのリソース（マルチクラウドリソース）に対して、クラウドワークロード保護（CWP）を提供します。

4.2.2 Microsoft Defender for CloudのCSPM

Microsoft Defender for Cloudには、CSPM（クラウドセキュリティ態勢管理）機能があります。前述したように、CSPMとはセキュリティリスクを自動的に特定し、クラウド環境全体のセキュリティ評価やコンプライアンスの監視を行います。また、クラウド環境の管理においてインシデントの発生の大きな要因となる構成ミスも特定することができます。CSPMには次の2つのプランがあります。

■ Foundational CSPM（無料版）

Foundational CSPMプランは、既定で有効になっており、無料で使用できます。

Foundational CSPMでは、Azure、AWS、GCP全体で継続的な評価を行い、セキュリティに関する推奨事項の表示、セキュアスコア、Microsoftクラウドセキュリティベンチマークなどが提供されます。

■ Defender CSPM（有償版）

Defender CSPMは、エージェントレスの脆弱性スキャン、攻撃パス分析、統合されたデータ対応セキュリティ態勢などが提供されます。利用料金はサーバー、ストレージアカウント、データベースの数に基づき請求されます。

Defender CSPMプランは、Microsoft Defender for Cloudの［環境設定］メニューにある［Defender プラン］画面で有効にできます（図4.21）。

図4.21：Defender CSPMプランの有効化

ここでは、Microsoft Defender for CloudのFoundational CSPMプランで利用可能な次の2つの機能を説明します。

● セキュアスコア

　Microsoft Defender for Cloudの主な目標は、現在のクラウド環境のセキュリティ状況を把握し、セキュリティを効率的かつ効果的に向上させることです。この目標を実現するのに役立つのが「セキュアスコア」で、Azure、AWS、GCPに作成されているクラウドリソースのセキュリティの状況を継続的に評価し、点数でわかりやすく表示してくれます。たとえば、図4.22の［セキュリティ態勢］画面にはセキュアスコアが43%と表示されています。これはこの組織がマルチクラウドを導入しており、Azure、AWS、GCP全体の評価が43%ということです。そして、右横にはそれぞれのクラウドサービスの点数も表示してくれるため、各クラウドサービスにおけるセキュリティの状況も点数で確認できます。

図4.22：セキュアスコア

ここが
ポイント

　セキュアスコアはMicrosoft Defender for Cloudの機能で、Azure、AWS、GCPに作成されているクラウドリソースのセキュリティの状況を継続的に評価し、点数でわかりやすく表示してくれます。

■ 推奨事項

　推奨事項には、セキュリティを強化するための項目が表示されます。表示されている推奨内容を手動で実行することも、推奨事項の項目にある［修正］オプションからも実行できます。表示されている各推奨事項にはスコアが割り当てら

れていて、実行していくと点数が加算されセキュアスコアが上がっていきます。
推奨事項に表示される項目は、優先度が高いものから表示されているため、上に
表示されているものから順番に実行することが推奨されます。

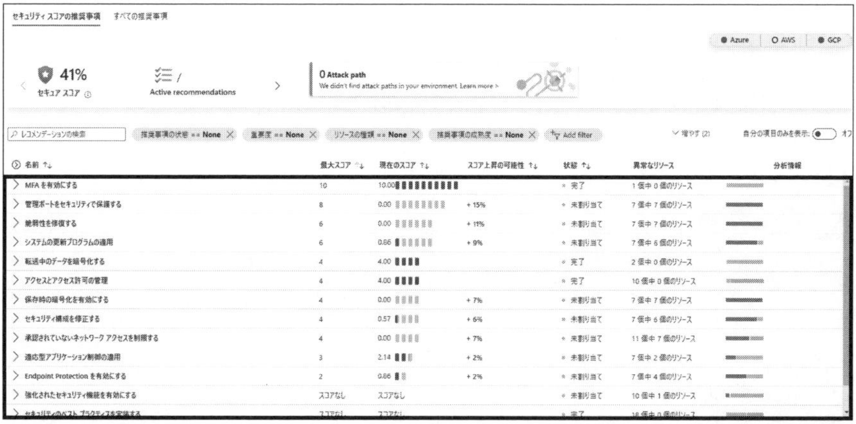

図4.23：推奨事項

　たとえば推奨事項の一番上に表示されているのが、「MFAを有効にする」です。
多要素認証が有効になっていると不正アクセスの99.9%を防ぐことができると言
われているため、Microsoft Entra ID（Azure AD）で多要素認証を有効にする
とスコアが最大10ポイント追加され、セキュアスコアが上がります。
　他にも推奨事項には、「保存時の暗号化を有効にする」という項目があります。
仮想マシンのOSディスク（Cドライブのディスク）とデータディスク（追加の
ディスク）は既定で暗号化されていますが、一時ディスク（Dドライブのディス
ク）やデータキャッシュは暗号化されていません。仮想マシンのすべてのデータ
を暗号化で保護するには、仮想マシンに対して「ホストでの暗号化
（EncryptionAtHost）」を有効化します。仮想マシンでホストでの暗号化を有効
にすると、最大4ポイント追加されます。

HINT　主なセキュアスコアを上げるための項目

前述したように、多要素認証を有効にするとスコアが10ポイント追加されますが、他にも
セキュアスコアを上げるためのさまざまな項目があります。たとえば、次のような項目が
あります。
・Just-In-Time VMアクセスを有効にする　　　　　　　　8ポイント
・仮想マシンに更新プログラムを適用する　　　　　　　　6ポイント
・脆弱性評価ソリューションを仮想マシンで有効にする　　6ポイント

Foundational CSPM（無料版）では、セキュリティに関する推奨の表示、セキュアスコ
アなどが提供されます。

保存時の暗号化として、仮想マシンのディスクの暗号化があります。「ホストでの暗号化
（EncryptionAtHost）」オプションを有効にすると、セキュアスコアが上がります。

4.2.3　Microsoft Defender for CloudのCWP

Microsoft Defender for Cloudには、CWP（Cloud Workload Protection:ク
ラウドワークロード保護）機能があります。CWPは、サーバー、コンテナー、ス
トレージ、データベースなどクラウド上のワークロード（サービス）の保護を行
います。Microsoft Defender for Cloudでは、各ワークロードを保護するための
サービスが用意されています。主なサービスは次の通りです。

- Microsoft Defender for Servers
- Microsoft Defender for Storage
- Microsoft Defender for Azure SQL Databases
- Microsoft Defender for Containers
- Microsoft Defender for App Service

ワークロードごとにサービスが用意されており、保護したいワークロード用の
Defenderプランを「オン」にします（図4.24）。

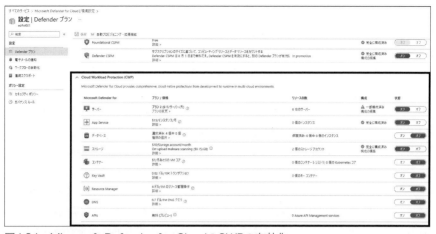

図4.24：Microsoft Defender for CloudのCWPの有効化

　料金はDefenderプランごとに異なっており、有効にするとその分の料金が課金されます。ここでは、Microsoft Defender for Serversについて解説します。

　Microsoft Defender for Serversは、Azure、AWS、GCPを含むマルチクラウド環境の仮想マシン、そしてオンプレミスの物理サーバーや仮想マシンを保護するための機能が提供され、1台に付き1か月約2,000円の料金が発生します。Microsoft Defender for Serversを有効にすると、仮想マシンや物理サーバーが監視対象となり、セキュリティ構成とイベントログが収集され、マシンの脆弱性の評価、そしてMicrosoft Defender for Endpointと連携してマシンの脅威の防止、検出、調査、対応などが行われます。Microsoft Defender for Serversを有効にすると提供される機能の一例として、次のものを紹介します。

■Just-In-Time VMアクセス

　前述したFoundational CSPMプランで提供される推奨事項の1つに、「管理ポートをセキュリティで保護する」という項目があります。これはJust-In-Time（JIT）VMアクセス機能の設定を促す推奨事項で、Microsoft Defender for Serversの機能の一部として提供されます。Just-In-Timeとは、直訳すると「ぎりぎり間に合う」という意味になりますが、この場合「必要な時にだけ」という意味合いになります。したがって、「必要な時にだけ仮想マシンへのアクセスを許可する」というのが、AzureのJust-In-Time VMアクセス機能となります。

　「4.1.2 ネットワークセキュリティグループ」で説明したように、インターネッ

トから管理目的でAzureの仮想マシンに接続するには、ネットワークセキュリティグループ（NSG）などで、RDPの3389番やSSHの22番が許可されている必要があります。しかし、3389番ポートや22番ポートはよく知られているポート番号であるため、受信セキュリティ規則で許可してしまうと、不正アクセスの可能性が高まり非常に危険です。そこで、仮想マシンでJIT VM アクセスを構成すると、アクセスが必要な時にだけ（期間限定で）、指定したIPアドレスの範囲からのアクセスを許可する規則がAzure FirewallやNSGに構成されます。許可の規則が構成されている期間は、一時的にアクセスが可能となり、設定した期間が経過すると自動的に規則は変更されアクセスできない状態になります。

　JIT VM アクセスでは1回に付き何時間許可するのか、そして接続を許可するIPアドレスの範囲を指定します。管理者が仮想マシンにアクセスしたい時に、［アクセスを要求］ボタンをクリックすると、そのタイミングでAzure FirewallやNSGにRDPやSSHなどを許可する規則がセットされ、その期間はアクセスできるようになります。しかし設定した期間が経過すると規則が変更され、アクセスができない状態になります（図4.25）。

図4.25：アクセス権の要求ボタン

　たとえば、図4.26の例ではJIT VM アクセスで2時間許可するように構成しています。ユーザーが14時にAzure portalからアクセスを要求します（①）。すると仮想マシンのNSGに許可のルールがセットされ（②）、ユーザーは仮想マシンに

リモートデスクトップなどで接続できるようになります（③）。しかし、2時間経過すると（16時）、自動的にNSGのルールが変更され、リモートデスクトップ接続が許可されない状態になります。悪意のある攻撃者が22時にリモートデスクトップ接続を試みたとしても、NSGで接続が許可されていないため、アクセスはブロックされます。

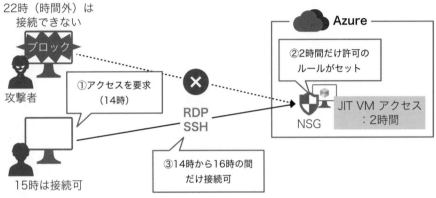

図4.26：JIT VMアクセスの動き

■ 適応型アプリケーション制御

　適応型アプリケーション制御は、Microsoft Defender for Serversで利用可能な機能のうちの1つで、実行可能なアプリケーションのホワイトリストを作成するための機能です。Microsoft Defender for Cloudは、機械学習を使用してオンプレミスの物理サーバーや仮想マシン、そしてAzureなどクラウドの仮想マシン上で使用されているアプリケーションを分析し、安全なソフトウェアのリストを作成します（図4.27）。

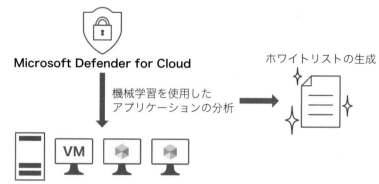

図4.27：適応型アプリケーション制御

　適応型アプリケーション制御を構成すると、安全なものとして定義したもの以外のアプリケーションが実行された場合には、セキュリティアラートが表示されます。適応型アプリケーション制御を使用すると、主に次のような利点が得られます。

● 潜在的なマルウェア（マルウェア対策ソリューションでは見逃される可能性のあるものを含む）を識別する
● サポートされていないバージョンのアプリケーションを特定する
● 組織によって禁止されているが、コンピューター上で実行されているソフトウェアを特定する

ここが
ポイント

適応型アプリケーション制御は、マルウェアやその他の不要なアプリケーションをブロックし、マシンのネットワーク攻撃面を減らします。ただし、本書執筆時点では、監査モードのみがサポートされているため、アプリケーションの実行は制限されず、セキュリティアラートが表示されます。

4.2.4 **Azure Advisor**

Azure Advisorは、Azure内に作成されているリソースの利用状況を自動的に分析し、ベストプラクティスに従ってAzureの推奨事項が提供されるコンサルタントサービスです。

図4.28：Azure Advisorの概要画面

Azure AdvisorはAzure portalを通してアクセスでき、次の5つの項目について提案を表示します（図4.28）。

■ コスト

Azure全体の支出を最適化し、コスト削減に役立つ提案を表示します。たとえば、次の推奨事項を表示します。

- 使用率の低い仮想マシンのサイズ変更や停止を推奨
- 仮想マシンに接続されておらず、使用されていないディスクの存在を告知

■ セキュリティ

セキュリティ侵害に至る可能性がある脅威と脆弱性を検出します。Microsoft Defender for Cloudと統合し、セキュリティを向上するためのアドバイスをしてくれます。たとえば、次の推奨事項を表示します。

● 多要素認証（MFA）を有効にする必要がある

 多要素認証（MFA）についての詳細は、第2章「2.3.1 多要素認証（Multi-Factor Authentication）」を参照してください。

● インターネットに接続する仮想マシンはネットワークセキュリティグループ（NSG）を使用して保護する必要がある

 ネットワークセキュリティグループ（NSG）についての詳細は、第4章「4.1.2 ネットワークセキュリティグループ」を参照してください。

■ 信頼性（旧称:高可用性）

ビジネスに不可欠なアプリケーションの継続稼働を確保し、Azureリソースやアプリケーションの可用性を向上させるための提案を表示します。たとえば、次の推奨事項を表示します。

● 仮想マシンに対してバックアップを有効にする
● ディザスターリカバリー目的で、Azure仮想マシンを他のリージョンに複製する

▶HINT　ディザスターリカバリー

ディザスターリカバリーとは、大規模な災害やサイバー攻撃、テロ行為などでシステムが利用できなくなることを想定した予防措置や体制のことを指します。
たとえば、組織の拠点から数百キロ離れた遠隔地などにバックアップ用のシステムなどを構築しておきます。
組織の拠点が災害などで機能不全に陥った場合に、構築しておいたバックアップシステムを稼働させます。

■ オペレーショナルエクセレンス

Azureリソースの管理や展開方法を効率化するための提案を表示します。たと

えば、次の推奨事項が表示されます。

● Azureの障害を通知するサービス正常性アラートを構成する

HINT サービス正常性アラートとは

Azure portalからアクセスできる「サービス正常性」では、Azureの各サービスの障害や
機能の変更情報などを確認することができます。サービスの正常性には「サービス正常性
アラート」という機能があり、Azureの障害などに関する通知をメールなどで受け取るこ
とができます。

● 作成したストレージアカウントのリソース数が、サブスクリプションの上限に
近づいた場合に勧告する

HINT ストレージアカウントとは

ストレージアカウントとは、世界中のどこからでもHTTPまたはHTTPS経由でアクセスで
きるAzureの代表的なストレージサービスです。ストレージアカウントの既定の最大容量
は5PiB（ペビバイト）で、非常に多くのデータを格納できます。Azureのサブスクリプ
ションにはさまざまな上限値が設けられており、1つのサブスクリプションに作成可能な
ストレージアカウント数は、既定でリージョンごとに250です。

■ パフォーマンス

Azureリソースやアプリケーションの応答速度などのパフォーマンスを向上す
るための提案を表示します。たとえば、次の推奨事項を表示します。

● 仮想マシンのディスクのパフォーマンスと信頼性を高めるために、ストレージ
アカウントをパフォーマンスの良い「Premium」で構成する

Azure Advisorを活用することにより、ユーザーは作成したAzureの環境がベ
ストプラクティスに従っているかを確認しながら、システムを構築することがで
きます。

ここが
ポイント

Azureの推奨事項を表示するサービスは、Azure Advisorです。

4.3 Microsoft Sentinelのセキュリティ機能

　マイクロソフトは、統合型の脅威対策ソリューションとして、次のものを提供しています。

■ XDR（Extended Detection and Response）

　XDRは、「拡張検出と応答」と訳され、脅威の検出や修復の機能を拡大します。

　XDRでは、メールやID、クライアントデバイス、アプリ、IoT、ネットワークなど多数のデータソースからログを収集し分析して脅威を検知します。また検知した脅威を評価して可視化することで、人にとって分かりやすい形で脅威の情報を提供します。そして、検知した脅威に対して自動的に修復を行います。

■ SIEM（Security Information Event Management）

　SIEMは、ネットワーク機器やサーバー、クライアントデバイス、クラウドサービスなど、さまざまなIT機器やサービスからセキュリティイベントを収集し、横断的に分析して、相関関係や異常を特定して脅威を検出するサービスです。ログを集約して一元管理し、インシデントを早期に発見することができます。

ここが
ポイント

SIEMでは、収集したデータから相関関係や異常を特定し、アラートやインシデントを生成します。

　XDRおよびSIEMは、どちらもさまざまな場所からログを収集して脅威を検出するという役割があるため、似たようなものに見えます。では、どのように違うのでしょうか。実際のマイクロソフトのサービスを紹介しながら違いを確認します。マイクロソフトのSIEMおよびXDRの機能を提供するサービスとして、次のものがあります。

■ XDRの機能を提供するサービス

- ● Microsoft Defender for Cloud
  Microsoft Azureのリソース、AWS、GCPやオンプレミスのリソースを保護し、脅威を検出します。

- **Microsoft 365 Defender**

  Microsoft 365テナント内のID、デバイス、データ、アプリを保護し、脅威を検出します。

■ SIEMの機能を提供するサービス

- **Microsoft Sentinel**

  マイクロソフトが提供するクラウドベースのSIEMサービスで、さまざまなデータソースを接続し、脅威を検出します。

XDRは、Microsoft AzureやMicrosoft 365など、守備範囲が決められています。その守備範囲の中で1つ1つのリソースを保護し、脅威を検出します。そして、脅威を可視化して対応を自動化したりすることができます。つまり、決められた範囲をしっかり守ってくれるサービスがXDRということです。しかし、企業で導入されているサービスは、Microsoft Defender for CloudやMicrosoft 365 Defenderで保護しているサービスだけとは限りません。多くのネットワーク機器や製品、サードベンダーのクラウドサービスなど、さまざまなものが導入されていて、これらにもセキュリティ対策は必要となります。SIEMであるMicrosoft Sentinelは、マイクロソフトの製品だけではなく、ネットワークやセキュリティ製品、サードベンダーのクラウドサービスなど、多くのサービスを接続し、ログを収集して脅威を検出することができます。またそれらのログを一元管理し、1つのポータルで脅威の確認を行うことができます。XDRのサービスであるMicrosoft Defender for CloudおよびMicrosoft 365 DefenderもMicrosoft Sentinelに接続できるため、Microsoft Sentinelのソースとして利用することで、セキュリティ対策をMicrosoft Sentinelに集約できます。

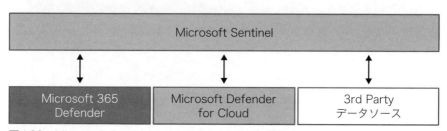

図4.29：Microsoft SentinelのソースとしてXDRを利用する

Microsoft 365 DefenderをMicrosoft Sentinelに統合することで、Microsoft 365 DefenderのアラートをMicrosoft Sentinelに送信し、対応を行うことができます。

　ここまで、Microsoft SentinelはクラウドベースのSIEMであるという紹介をしましたが、Microsoft Sentinelは、SOAR（Security Orchestration Automation and Response）の機能も持ちます。SOARは、「セキュリティ運用の自動化と対応」と訳されます。インシデントが起きた時に、人がすべての対応を行うのは時間がかかります。SOARではインシデントに優先順位を付け、どのインシデントから対応すべきかを分かりやすく表示します。また、インシデントが起きた時に関係各所に通知を送信したり、担当者をアサインしたりといった作業を自動化して、迅速に対応することができます。

Microsoft SentinelはクラウドネイティブなSIEMであり、SOARソリューションです。

4.3.1　Microsoft Sentinelへの接続

　Microsoft Sentinelを利用するには、Microsoft Azureのサブスクリプションが必要です。サブスクリプションがあれば、すぐに利用することができます。Microsoft Sentinelを利用するために必要な設定は次の通りです。

> **Step1：Log Analyticsワークスペースの作成**
>
> ・ログの保存場所である、Log Analyticsワークスペースを作成します。

> **Step2：データソースの接続**
>
> ・Microsoft Sentinelにデータソースを接続します。
> ・これにより、Log Analyticsワークスペースにログが保存されます。

● Step1：Log Analyticsワークスペースの作成
　Azure portalで、［Microsoft Sentinel］のページを表示し、［作成］をクリックすることで、Sentinelに紐づくLog Analyticsワークスペースを作成することが

できます。図4.30は、すでにMicrosoft Sentinel用のLog Analyticsワークスペースが作成されている状態です。

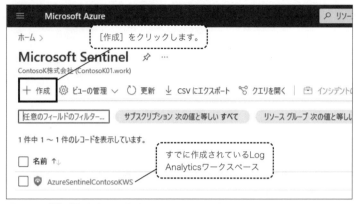

図4.30：［作成］をクリックすると、Sentinel用のLog Analyticsワークスペースが作成できる

● Step2：データソースの接続

　Microsoft Sentinelでは、さまざまな方法でデータソースを接続することができますが、最も簡単な方法は、データコネクタを利用する方法です。データコネクタは、Microsoft Sentinel側で用意されていて、多くのサービスに接続することができます。

図4.31：Microsoft Sentinelに用意されているコネクタ

接続可能なサービスは、マイクロソフトやマイクロソフト以外のサービスなど、さまざまなものがあります。

　接続したいデータソースのコネクタを選択し、コネクタページを開くと、接続のために必要な要件などが表示されます。ライセンス要件や必要な設定が行われていることを確認し、[接続] ボタンをクリックします。

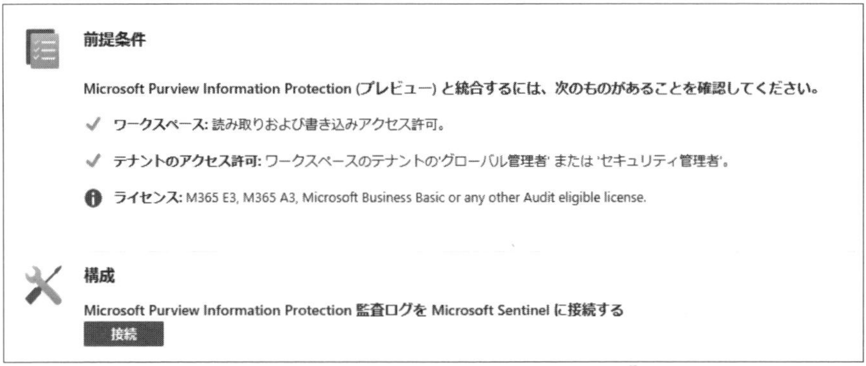

前提条件

Microsoft Purview Information Protection (プレビュー) と統合するには、次のものがあることを確認してください。

✓ **ワークスペース:** 読み取りおよび書き込みアクセス許可。

✓ **テナントのアクセス許可:** ワークスペースのテナントの'グローバル管理者' または 'セキュリティ管理者'。

ℹ **ライセンス:** M365 E3, M365 A3, Microsoft Business Basic or any other Audit eligible license.

構成

Microsoft Purview Information Protection 監査ログを Microsoft Sentinel に接続する

　接続

図4.32：データコネクタを利用したデータソースへの接続

　[接続] ボタンが、[切断] ボタンに変わり、Microsoft Sentinelに接続されました。

構成

Microsoft Purview Information Protection **監査ログ**を Microsoft Sentinel **に接続する**

　切断

図4.33：データソースがSentinelに接続された

Microsoft Sentinelとデータソース（別のセキュリティソース）との間で、リアルタイムの統合を提供するために、データコネクタを使用します。

4.3.2　Microsoft Sentinelの機能

　Microsoft Sentinelにデータソースを接続すると、Log Analyticsワークスペースにログが保存されます。

　ここでは、データソースの接続後にMicrosoft Sentinelで利用できる次の機能について紹介します。

- ブック（Azure Monitorブック）
- インシデント
- ハンティングクエリ
- プレイブック

■ ブック（Azure Monitorブック）

　ブックは、収集したログを分かりやすく表示することができる機能です。Microsoft Sentinelにはブックのテンプレートが用意されていて、Exchange OnlineやMicrosoft Teamsなど、Microsoft 365のサービスのユーザーアクティビティやMicrosoft Entra ID（Azure AD）のサインインに関するもの、Microsoft Sentinelの利用コストの分析など、さまざまなものがあります。

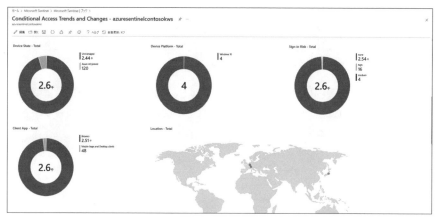

図4.34：収集したログをブックで表示

ここが
ポイント

Microsoft Sentinelでは、ブック（Azure Monitorブック）を利用することで、データに
対する迅速な洞察を提供します。

■ インシデント

収集したログの中から脅威が検出された場合、インシデントとして表示されます。
検出されたインシデントを確認するには、［インシデント］ページを使用します。

図4.35：検出されたインシデントは、［インシデント］ページで確認できる

　インシデントを選択して、調査を行うと図4.36のようにインシデントに関わっ
たエンティティ（ユーザーやIPアドレス）などの情報が表示され、ユーザーとイ
ンシデントの関連性などを理解しやすくなります。

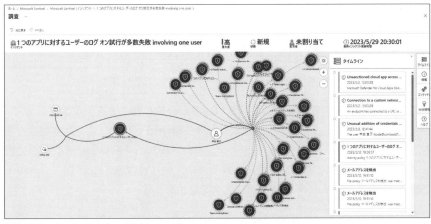

図4.36：インシデントの調査ページ

■ ハンティングクエリ

Microsoft Sentinelで脅威として判定されたものはインシデントとして表示されますが、インシデントよりも重要度が低いけれども、確認しておいた方が良いログは、ハンティングクエリを使用して表示できます。ハンティングクエリは、Microsoft Sentinelの［ハンティング］ページから表示することができます。

既定で組み込みのハンティングクエリが作成されているため、これらを利用してインシデントとして検出されなかった異常なログを確認できます。

図4.37：ハンティングクエリ

第4章

ハンティングクエリは、アラートがトリガーされる前にセキュリティ脅威を特定します。

■ プレイブック

　プレイブックを作成すると、インシデントが発生したことをトリガーとして、Teamsのチャネルにメッセージを送信したり、SharePointのリストから担当者を検索してアサインしたりするなど、インシデントの対応を自動化することができます。対応を自動化するために使用されるのが、Azure Logic Appsです。Azure Logic Appsを利用して実行したいタスクを追加します。

図4.38：Logic Appsデザイナー

Azure Logic Appsを利用すると、Microsoft Sentinelでアラートが上がったときに対応を自動化することができます。

練習問題

問題 4-1

Azure SQL Managed Instanceの脅威検出を提供するために何を使用できますか。

A. アプリケーションセキュリティグループ
B. Azure Bastion
C. Microsoft Defender for Cloud
D. Microsoft セキュアスコア

問題 4-2

次のステートメントを完成させてください。

Microsoft Sentinelでは、一般的なタスクについて [　] で自動化することができます。

A. ハンティングクエリ
B. プレイブック
C. 詳細なログの分析
D. ブック

問題 4-3

次の各ステートメントが正しい場合は「はい」を、正しくない場合は「いいえ」を選択してください。

① Azure Bastionは、Azure poralを使用して接続します。
② Azure Bastionは、仮想ネットワークごとに作成します。
③ Azure Bastionは、RDP接続をセキュアに行えます。

問題 4-4

Microsoft Sentinelの拡張された検出と応答（XDR）機能を提供する機能はどれですか。

A. Microsoft 365 Defenderとの統合

B. Azure Monitorブックのサポート

C. Azure Application Insightsのサポート

D. Microsoft Purviewコンプライアンスポータルの統合

問題 4-5

Azure DDoS Protection Standardが追加コストなしで保護できるリソースの最大数はいくつですか。

A. 100

B. 50

C. 1000

D. 500

問題 4-6

ネットワークセキュリティグループを関連付けられるAzureのリソースは何ですか。正しいものを2つ選択してください。

A. Azure App ServiceのWebアプリ

B. 仮想ネットワーク

C. 仮想ネットワークサブネット

D. ネットワークインターフェイス

E. リソースグループ

問題 4-7

Microsoft Sentinelと別のセキュリティソースとの間で、リアルタイムの統合を提供するために何を使用しますか。

A. Azure AD Connect

B. Log Analytics Workspace

C. Azure Information Protection

D. コネクタ

問題 **4-8**

次のステートメントを完成させてください。

[ ] システムとは、複数のシステムからデータを収集し、相関関係や異常を特定し、アラートやインシデントを生成するツールのことです。

A. A Security information and event management（SIEM）
B. A security orchestration automated response（SOAR）
C. A Trusted Automated eXchange of Indicator Information（TAXII）
D. An attack surface reduction（ASR）

問題 **4-9**

Azure Firewallの説明で正しいものはどれですか。

A. 仮想ネットワーク上の特定のネットワークインターフェイスに適用できるパーソナルファイアウォールです。
B. セキュアでシームレスなリモートデスクトップ接続を提供します。
C. ネットワークアドレス変換（NAT）サービスを提供します。

問題 **4-10**

次のステートメントを完成させてください。

[ ] は、クラウドネイティブのSIEMおよびSOARソリューションであり、アラート検出の脅威の可視性、プロアクティブなハンティング、脅威への対応のための単一のソリューションを提供するために使用されます。

A. Azure Advisor
B. Azure Bastion
C. Azure Monitor
D. Microsoft Sentinel

問題 **4-11**

Azure Bastionによって安全にアクセスできるリソースは、どれですか？

A. Azure App Service

B. ストレージアカウント

C. Azure仮想マシン

D. Azure SQLマネージドインスタンス

問題 4-12

Azure DDoS Protection Standardで保護できるものは何ですか？

A. リソースグループ

B. Azure Active Directoryのアプリケーション

C. 仮想ネットワーク

D. Azure Active Directoryのユーザー

問題 4-13

次のステートメントを完成させてください。

Microsoft Defender for Cloudの［　　］機能は、マルウェアやその他の不要なアプリケーションをブロックし、Azure仮想マシンのネットワーク攻撃面を減らします。

A. 脆弱性評価

B. コンテナーセキュリティ

C. クラウドセキュリティ態勢管理（CSPM）

D. 適応型アプリケーション制御

練習問題の解答と解説

問題 4-1 **正解 C**　　　　　　　　　　　参照 4.2.3　Microsoft Defender for CloudのCWP

Azure SQL Managed Instanceの潜在的な脅威を検出するには、Microsoft Defender for Cloudを使用します。

問題 4-2 **正解 B**　　　　　　　　　　　参照 4.3.2　Microsoft Sentinelの機能

プレイブックを使用すると、Azure Logic Appsを使用してさまざまなタスクを自動化することができます。

問題 4-3 **正解 以下を参照**　　　　　　　　　参照 4.1.6　Azure Bastion

①はい

Azure Bastion経由で仮想マシンに接続するには、Azure portalを使用します。

②はい

Azure Bastionは、接続したい仮想マシンがある仮想ネットワークごとに作成します。

③はい

Azure Bastionは、RDP/SSH接続をセキュアに行えます。

問題 4-4 **正解 A**　　　　　　　　　　　参照 4.3　Microsoft Sentinelのセキュリティ機能

Microsoft Sentinelは、Microsoft 365 Defenderと統合することで、Microsoft 365 DefenderのアラートをMicrosoft Sentinelに送信し、分析や自動対処を行うことができます。

問題 4-5 **正解 A**　　　　　　　　　　　参照 4.1.5　Azure DDoS 対策

パブリックIPアドレスのリソース数が100までは、月額固定料金で利用できます。100を超えると、リソースごとに課金されます。

問題 4-6 **正解 C、D**　　　　　　　　　　参照 4.1.2　ネットワークセキュリティグループ

ネットワークセキュリティグループは、ネットワークインターフェイス、または仮想ネットワークサブネットに関連付けることができます。

問題 4-7 **正解** D

参照 4.3.1　Microsoft Sentinelへの接続

　Microsoft Sentinelは、さまざまなデータソースと接続するために、データコネクタを使用します。

問題 4-8 **正解** A

参照 4.3　Microsoft Sentinelのセキュリティ機能

　複数のシステムからデータを収集し、相関関係や異常を特定し、アラートやインシデントを生成するツールは、SIEMです。

問題 4-9 **正解** C

参照 4.1.3　Azure Firewall

　Azure Firewallは、Azure 仮想ネットワークのリソースを保護するクラウドネイティブなファイアウォールサービスです。ネットワークおよびアプリケーションレベルのフィルタリング機能の他、ネットワークアドレス変換（NAT）機能があります。

問題 4-10 **正解** D

参照 4.3　Microsoft Sentinelのセキュリティ機能

　クラウドネイティブなSIEMとSOARを提供するサービスは、Microsoft Sentinelです。

問題 4-11 **正解** C

参照 4.1.6　Azure Bastion

　Azure Bastionは、セキュアでシームレスにAzure仮想マシンにRDP、SSH接続するためのサービスです。

問題 4-12 **正解** C

参照 4.1.5　Azure DDoS 対策

　Azure DDoS ProtectionのStandardで保護できるのは、仮想ネットワークのリソースです。

問題 4-13 **正解** D

復習 4.2.3　Microsoft Defender for CloudのCWP

　適応型アプリケーション制御では、アプリケーションのホワイトリストを作成し、許可されたアプリのみを実行することができます。

第 **5** 章

Microsoft 365のコンプライアンスソリューションの機能を説明する

本章では、Microsoft 365がサポートするさまざまなコンプライアンス機能について紹介します。

理解度チェック

- ☐ マイクロソフトのプライバシー原則
- ☐ サービストラストポータル
- ☐ Microsoft Purviewコンプライアンスポータル
- ☐ ソリューションカタログ
- ☐ コンプライアンスマネージャー
- ☐ コンプライアンススコア
- ☐ コンプライアンススコアのポイント
- ☐ 必須
- ☐ 任意
- ☐ 予防
- ☐ 検出
- ☐ 修正
- ☐ アセスメント（評価）
- ☐ 評価テンプレート
- ☐ トレーニング可能な分類子
- ☐ コンテンツエクスプローラー
- ☐ アクティビティエクスプローラー

- ☐ 秘密度ラベル
- ☐ 暗号化
- ☐ マーキング
- ☐ 自動適用
- ☐ ラベルポリシー
- ☐ データ損失防止
- ☐ アイテム保持ポリシー
- ☐ 保持ラベル
- ☐ アイテムをレコードとして分類する
- ☐ コンテンツの検索
- ☐ 電子情報開示
- ☐ 内部リスクの管理
- ☐ コミュニケーションコンプライアンス
- ☐ Information Barriers
- ☐ カスタマーロックボックス
- ☐ Microsoft Purview監査

アクセスキー **a**

（小文字のエー）

5.1 サービストラストポータルと プライバシー原則

マイクロソフトでは、プライバシーに対するさまざまな取り組みを行っています。
組織で扱われるデータには、従業員や顧客の個人情報、会社の機密情報などが
含まれています。このようなデータを適切に保護し、必要な時に必要な形で組織
のユーザーが利用できるように、マイクロソフトはプライバシー原則を定め、
サービストラストポータルでさまざまな情報を提供しています。ここでは、マイ
クロソフトのプライバシー原則とサービストラストポータルについて紹介します。

5.1.1 プライバシー原則

マイクロソフトでは、次の6つのプライバシー原則を定めています。

■ コントロール

データは、Microsoft 365を契約している組織で管理、制御します。組織が所
有しているデータは、ビジネス上必要なものであるため、組織のメンバーがいつ
でもアクセスし、編集、削除することができます。それらのデータに承諾を得る
ことなくマイクロソフトがアクセスすることはありません。

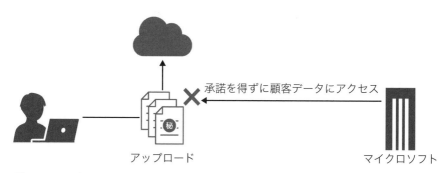

図5.1：データのコントロール

■ 透明性

マイクロソフトは世界中にデータセンターがあり、数多くのデータセンターの
中からどこにデータを保管するのかを決定することができます。Microsoft 365

で扱われているデータが、どこに保管されているのかは、Microsoft 365管理セ
ンターでいつでも確認することができます。

データの場所

透明性の原則の一環として、Microsoft は顧客データの保存場所を公開しています。
Microsoft 365 の顧客データの保存場所 を参照してください。

対象地域 にある組織は、Advanced Data Residency (ADR) アドオン を使用して、対
象範囲内の顧客データを移行し、Microsoft 365 ワークロードのデータ所在地コミッ
トメントを取得できます。

サービス	地理
Exchange	Japan
Exchange Online Protection	Asia Pacific
OneDrive for Business	Japan
Sharepoint	Japan
Teams	Japan
Viva Connections	Asia Pacific
Viva Topics	Not Enabled

図5.2：Microsoft 365管理センターの［データの場所］から各
種サービスのデータの場所を確認できる

■ セキュリティ

　マイクロソフトのクラウドサービスに保存されているデータは、強力なセキュ
リティと暗号化を利用して、転送されているときも、ディスクに保存されている
ときも保護されています。また暗号化に利用されるキーも、マイクロソフトが適
切に保護しています。

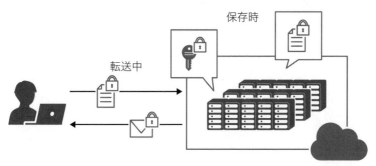

保存時

転送中

図5.3：データは保存時も転送中も暗号化される

■ 厳格な法的保護

マイクロソフトは、地域のプライバシー法を尊重し、マイクロソフトのクラウドサービスに保存されている顧客のデータを保護します。これは、いかなる政府や法執行機関の要求であったとしても顧客の承諾なしにマイクロソフトが独断で顧客のデータを開示、提供することはないということです。政府機関などからデータの開示要求などを受け取った場合は、必ず顧客にその要求のコピーを提供し、顧客から直接データを得るように指示します。

■ コンテンツベースのターゲット設定を行わない

マイクロソフトのクラウドサービスに保存されている顧客の個人情報、チャット、ファイルなどを、広告主のサービスに提供したり、マーケティングや調査目的などで使用したりすることはありません。

■ お客様にとってのメリット

マイクロソフトが顧客の情報を収集することはあります。しかし、その目的は顧客のサービスや操作性の向上のために行われることです。たとえば、サービスの運用に影響を与えるような問題を検出し、問題解決のためのトラブルシューティングを行う場合などです。

ここが
ポイント

マイクロソフトのプライバシー原則を覚えておきましょう。

5.1.2 サービストラストポータル

サービストラストポータルは、マイクロソフトが提供するサイトで以下のURLから誰でもアクセスすることができます。

● Service Trust Portal

https://servicetrust.microsoft.com/

図5.4：サービストラストポータル

サービストラストポータルでは、次の情報を得ることができます。

■特定の規制や標準への準拠

　マイクロソフトのクラウドサービスが、ISO/IEC、SOC、GDPRなど特定の国際標準や規制に準拠しているかを調査した監査レポートを確認することができます。監査レポートは、必要に応じてダウンロードすることもできます。

図5.5：サービストラストポータルの監査レポートの閲覧

サービストラストポータルを利用すると、マイクロソフトのクラウドサービスがISO（国際標準化機構）などの規制基準に準拠しているかについての情報を得ることができます。

■ セキュリティ評価

マイクロソフトのクラウドサービスに対して、第三者機関が実施した侵入テストの内容や実行結果、その評価などを確認することができます。評価は、Critical（重大）、Important（重要）、Moderate（中程度）、Low（低）の4段階に分かれ、それぞれの評価でいくつの問題があったかを確認することができます。

図5.6では、Vivaラーニングというサービスの評価を表しています。Vivaラーニングでは、Low（低）として評価されたものが8つあったということです。

The following table summarizes the number of issues identified under the specified severity ratings.

Critical	Important	Moderate	Low	Total
0	0	0	8	8

Table 2 - Findings from the 2023 vulnerability assessment of Microsoft Viva Learning

図5.6：サービスのセキュリティ評価

■ プライバシーとデータ保護

マイクロソフトのクラウドサービスが、特定の国のプライバシー法や、特定の州の個人情報保護法や電子文書法などにどのように準拠しているか、またはどの部分が準拠していないかについて、第三者機関による分析を提供します。

プライバシー ＆ データ保護

これらのリソースは、サービスがデータ保護とプライバシー要件に準拠する方法 Microsoft に関する情報を提供します。
詳細情報 ☑

該当するドキュメント

日付 ˅　Cloud Service ˅

☐	タイトル	シリーズ	説明	最終更新 ↓	その他のオプション
☐	📄 Microsoft General - NIS2: The New EU-wide cybersecurity directive (April 2023)		Microsoft has created this deck which outlines the basic details of this new directive, the key differences between NIS and NIS2, and the solutions Microsoft has to help — 詳細の表示	2023-05-09	…
☐	📄 Microsoft General - Standard Contractual Clauses (Microsoft P2P) (9.15.2021) ±	✓	2021 Standard Contractual Clauses (P2P) between Microsoft Ireland Operations Limited and Microsoft Corporation.	2023-02-10	…

図5.7：プライバシーとデータ保護に関するレポートが閲覧できる

サービストラストポータルは、マイクロソフトのクラウドサービスにおけるセキュリティ、コンプライアンス、プライバシーなどの情報を得ることができるサイトです。

5.2 Microsoft Purview コンプライアンス管理機能

Microsoft 365では、数多くのコンプライアンス機能が提供されています。これらの機能を利用することで、データの保護やデータガバナンスを組織で実現することができます。ここでは、コンプライアンス機能を実装するために利用する管理ツールや、さまざまなコンプライアンス機能を紹介します。

5.2.1 Microsoft Purviewコンプライアンスポータル

Microsoft Purviewコンプライアンスポータルは、組織内のコンプライアンス対策がどの程度行われているかを可視化したり、コンプライアンス機能の設定を行ったりするために使用するツールです。

Microsoft Purviewコンプライアンスポータルを起動するには、ブラウザーで次のURLを実行します。

● https://compliance.microsoft.com

図5.8：Microsoft Purviewコンプライアンスポータル

Microsoft Purviewコンプライアンスポータルに表示されるメニューの表示/非表示をカスタマイズするには、[ナビゲーションのカスタマイズ]を選択します。

　Microsoft Purviewコンプライアンスポータルを使用して情報の保護や、情報ガバナンス、内部リスク対策、訴訟対策などさまざまな機能を設定することができます。たとえば、情報保護の機能には、機密データの検出を行い、必要なアクションを取ることができるデータ損失防止や機密情報の分類を行う秘密度ラベルなどがあります。

Microsoft Purviewコンプライアンスポータルでは、情報保護、情報ガバナンス、データ損失防止などの設定を管理することができます。

Microsoft Purviewコンプライアンスポータルでは、機密データの分類を行う機能を提供します。

5.2.2　ソリューションカタログ

　Microsoft Purviewコンプライアンスポータルには、情報保護やデータライフサイクル管理などのさまざまな機能が含まれています。

　豊富な機能が含まれている反面、機能が多すぎて、機能そのもののメリットや、他の機能との違いが分からなくなってしまうこともあります。Microsoft Purviewコンプライアンスポータルでは、ソリューションカタログを使用して、Microsoft 365の各コンプライアンス機能のメリットや、必要なライセンスなどを確認することができ、それらを理解したうえで、機能を使い始めることができます。

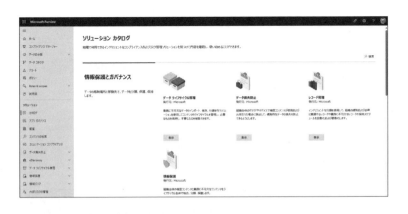

5.2.3 コンプライアンスマネージャー

コンプライアンスマネージャーは、Microsoft Purviewコンプライアンスポータルに含まれるツールで、Microsoft 365テナントのコンプライアンス対策を行う前に最初に確認したほうが良い場所です。コンプライアンスマネージャーは現在の組織のコンプライアンス対策の状況を把握し、必要な対策や実装方法を確認することができるワークフローベースのリスク評価ツールです。

図5.9：コンプライアンスマネージャー

ここが
ポイント

コンプライアンスマネージャーは、Microsoft Purviewコンプライアンスポータルから起動できます。

コンプライアンスマネージャーで最も目立つのが、コンプライアンススコアです。

コンプライアンススコアは、Microsoft 365テナントで、どの程度コンプライアンス対策ができているかを数値化して表示します。図5.10では、スコアが60%と表示されていますが、このスコアは次の2つの要素で構成されます。

図5.10：コンプライアンススコア

■ 獲得ポイント

テナントを契約している組織で行ったコンプライアンス対策を数値化して表示します。

図5.10では、12,163ポイント中、2,814ポイント分の対策を行ったということです。

■ マイクロソフトの管理による獲得ポイント

マイクロソフトが実装を担当する部分です。図5.10では、12,308ポイント中、11,885ポイント分の対策を行ったという意味です。

この2つの要素を合計してコンプライアンススコアが算出されています。

> コンプライアンスマネージャーでは、マイクロソフトとユーザー企業側の値を合計したコンプライアンススコアが確認できます。

コンプライアンススコアを見ることで、どの程度、コンプライアンス対策ができているのかを大まかに把握することができます。また、コンプライアンスマネージャーの［改善のための重要な処置］では、完了しているタスクおよび未完了のタスクがどれくらいあるかを確認できます。

改善のための重要な処置		
未完了	完了	範囲外
753	116	0

図5.11：改善のための重要な処置

コンプライアンススコアが高ければ高いほど、コンプライアンス対策ができているということですが、具体的にスコアを上げるために何をすればいいのかを確認することができます。それが、コンプライアンスマネージャーの［改善のための処置］タブです。

図5.12：［改善のための処置］タブ

　［改善のための処置］タブでは、どのような対策を行えば、何ポイントぐらいスコアが加算されるのかを確認することができます。

改善のための処置	獲得したポイ...	サービス
Disable 'Continue running backg...	27/27	Microsoft 365
Govern network traffic amongst ...	0/27	対策を行うと、何ポイント獲得できるのかを確認できます。
Integrate infrastructure security ...	0/27	Microsoft 365

図5.13：改善のための処置と獲得ポイント

　また、特定の処置をクリックすると、具体的な実装方法が表示されます。

第5章

図5.14：対策に関する詳細ページ

　説明や実装方法を確認し、実際に設定を行った後、実装した日やテストを行っ
て合格した日などを設定します。

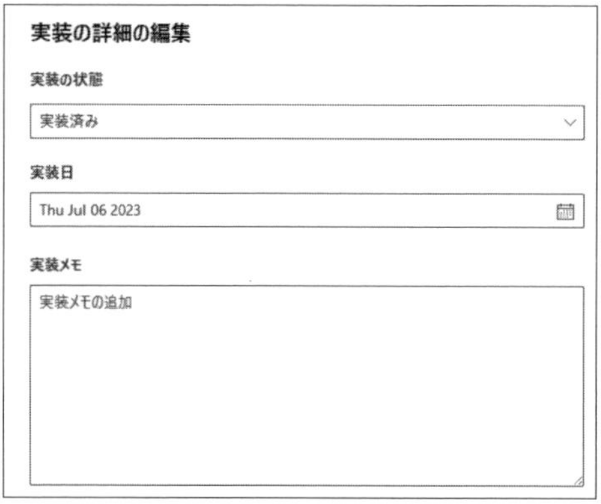

実装の詳細の編集

実装の状態

| 実装済み ∨ |

実装日

| Thu Jul 06 2023 📅 |

実装メモ

| 実装メモの追加 |

図5.15：[実装の詳細の編集] ページ

　変更が加えられると、24時間以内に状態が更新され、ポイントが付与されます。

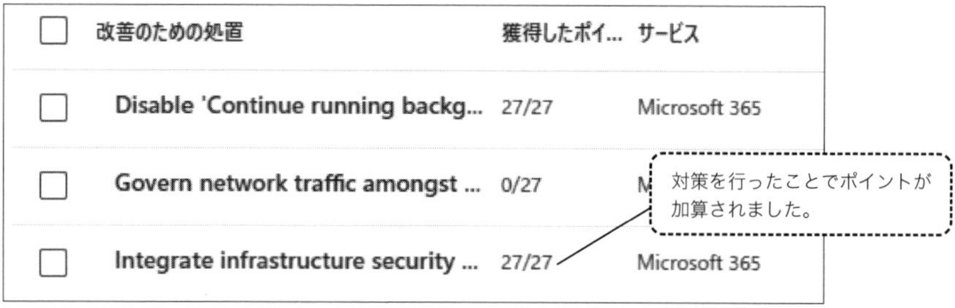

	改善のための処置	獲得したポイ...	サービス
☐	**Disable 'Continue running backg...**	27/27	Microsoft 365
☐	**Govern network traffic amongst ...**	0/27	M
☐	**Integrate infrastructure security ...**	27/27	Microsoft 365

対策を行ったことでポイントが
加算されました。

図5.16：対策を行った結果、ポイントが加算された

ここが ポイント

> コンプライアンスマネージャーでは、Microsoft 365テナントを自動的にスキャンし、システム設定を検出して、継続的に更新します。

[改善のための処置] タブで表示される各対策には、それぞれポイントが割り当てられていて、次の4種類のポイントが付与されます。

- ・27ポイント
- ・9ポイント
- ・3ポイント
- ・1ポイント

このポイントには、意味があり表5.1のようになっています。

表5.1に記載されているコンプライアンススコアの種類は、次のように、コントロールとアクションで構成されています。

● **コントロール**
　必須、任意

● **アクション**
　予防、検出、修正

種類	割り当てられた値
予防必須	27
予防任意	9
検出必須	3
検出任意	1
修正必須	3
修正任意	1

表5.1：コンプライアンスのポイント

コンプライアンスのポイントは、上記のコントロールとアクションが組み合わされ、表5.1のような6つのパターンに分かれています。

最初に、コントロールの意味から確認します。

・必須

システム的に設定されるもので、回避することはできないものを指します。たとえば、Microsoft Entra ID（Azure AD）は、パスワードポリシーが自動的に適用されています。パスワードポリシーではパスワードの最小文字数や、パスワードに使用してはいけない文字などが決められています。これらのルールを満たさない

第5章

パスワードを設定することはできません。このようなものは、「必須」となります。

・任意

　ユーザーがやるか、やらないかに依存するものです。たとえば、離席するとき
は必ずコンピューターのロックをするように社内に周知したとしても、操作をす
るのは人であるため、やり忘れてしまうこともあります。このようなものは、「任
意」となります。

　次に、アクションについて紹介します。

・予防

　何かあったときに備え、事前に設定をしておくものです。たとえば、デバイス
の盗難や紛失に備えて、デバイスの暗号化をしておくのは、予防アクションとな
ります。

　静止データの暗号化は、予防です。

・検出

　脅威やリスクが起きた時に、いつ何が起きたのか分かるように監視することが
検出に該当します。たとえば、監査ログが取られるように設定しておくことで、
ユーザーや管理者のアクティビティログが確認できるようになります。

　システムアクセス監査を実施し、リスクとなりうる不規則性を特定するのは検出です。

・修正

　セキュリティの脅威が起きた時に、その影響を最小限にとどめて必要な修復を
行うことが「修正」です。

　セキュリティインシデントに対応するために構成を変更するのは修正です。

　このように、コンプライアンス対策の内容によって付与されるポイントが異なります。

　コンプライアンススコアは、「予防必須」に該当する対策から行うと、対策ごとに27ポイントが付与されるため、スコアが上昇しやすくなります。ここまで、コンプライアンススコアの確認方法や、スコアを上げるための対策について紹介しました。次は、コンプライアンススコアが算出されるための基準となる情報について確認します。

　コンプライアンススコアの算出には、基準となるテンプレートが利用されています。既定では、「データ保護ベースライン」というテンプレートが利用され、この内容をもとにコンプライアンススコアが算出されます。

　データ保護ベースラインテンプレートが利用されていることを確認するには、コンプライアンスマネージャーの［評価］タブを使用します。

図5.17：［評価］タブで利用されているテンプレートの確認ができる

　データ保護（Data Protection）ベースラインは、NIST CSF（国立標準技術研究所のサイバーセキュリティフレームワーク）やISO（国際標準化機構）、FedRAMP（米国連邦リスクおよび承認管理プログラム）、GDPR（一般データ保護規則）の要素を取り入れて構成されます。

　このように、データ保護ベースラインは、さまざまな規制や標準の汎用的な要素を取り入れたテンプレートです。

　しかし、特定の規制や標準に、テナントが準拠しているかを確認したい場合もあります。コンプライアンスマネージャーの［規制］タブでは、さまざまな国際標準や規制に準拠しているかを確認するための評価テンプレートを確認することができます。

図5.18：評価テンプレートの一覧が確認できる

コンプライアンスマネージャーは、評価を作成するために事前定義されたテンプレートを提供します。

　これらのテンプレートを使用して評価を追加することで、特定の規制や標準に準拠しているかを確認できます。

　評価を追加するには、［評価］タブで［評価の追加］を選択し、利用したい評価テンプレートを選択します。

評価	状態	進行状況	改善のための処置
☐ **DataProtection**	不完全	60%	117 / 869 が完了

図5.19：評価の追加

　図5.20は、ISO27701のテンプレートを使用して評価を作成したものです。評価の進行状況（コンプライアンススコア）や獲得ポイントなどの情報が表示されます。

図5.20：作成した評価

コンプライアンスマネージャーの評価は、特定の規制や標準に準拠するために必要なコントロールをグループ化したものです。

5.3 Microsoft Purviewの情報保護

　Microsoft 365では、さまざまな情報保護機能があり、これらをまとめて「Microsoft Purview Information Protection」と呼んでいます。Microsoft Purview Information Protectionの機能を実装することで機密情報の検出、分類、保護を行うことができます。Microsoft Purview Information Protectionには、次のような機能が含まれています。

- データを把握する：データの分類
- データを保護する：秘密度ラベル
- データの損失を防止する：データ損失防止

　ここでは、上記の3つについて紹介します。

5.3.1 データを把握する

　機密情報が組織のどの場所に保存され、どのような種類の機密情報が含まれているかを把握することは重要です。これらの情報を簡単に確認できるのが、Microsoft Purviewコンプライアンスポータルの［データの分類］メニューです。［データの分類］メニューには、次のような項目が含まれています。

■ 概要
　［概要］ページでは、組織内のコンテンツで利用されている機密情報の種類や、適用されている上位の秘密度ラベルや保持ラベル、それらが適用されている場所などの情報が表示されます。

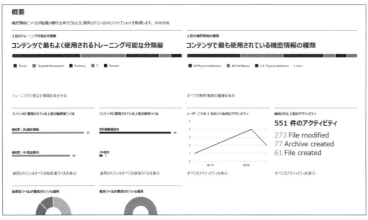

図5.21：［概要］ページ

■ 分類器
　［分類器］ページでは、組織内のコンテンツから機密情報を検出するためのさまざまな情報が定義されています。［機密情報の種類］タブでは、日本の住所やパスポート番号、免許証などが事前に定義されていて、これらの情報を使用して、ドキュメント内のパスポート番号などを検出するように設定することができます。図5.22は、「Japan」という条件で機密情報を検索したものです。日本の銀行口座番号やパスポート番号、住所などが表示されています。また、カスタムの機密情報を作成することで、顧客IDや開発コードといった、その会社だけで利用される機密情報を登録して、メールやドキュメントにそれが含まれていた場合に検出す

ることもできます。

図5.22：[分類器] ページの [機密情報の種類] タブ

　[機密情報の種類] タブでは、住所やフルネーム、パスポート番号などの「定型的」な情報が定義されています。しかし組織で保護すべき情報が必ずしも定型的な情報であるとは限りません。非定形的な情報を機密情報として検出するために使用されるのが、「トレーニング可能な分類子」です。

　トレーニング可能な分類器は、履歴書やソースコードなどの非定形的な情報を検出するために、カスタムで作成することができます。正解が含まれているファイルやそうでないファイルを学習させて作成します。

　しかし、自分で作成するには多くのコンテンツを学習させるなどの手間がかかるため、事前に定義されている分類子が用意されています。

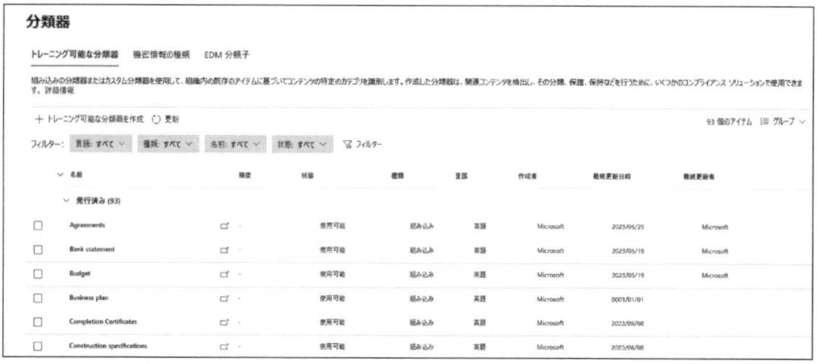

図5.23：事前定義されている分類子の一覧

これらを利用することで、非定型的な機密情報を識別することができます。

ポイント

従業員の履歴書などのドキュメントは、事前トレーニング済みの分類子（トレーニング可能な分類子）を使用して識別することができます。

■ コンテンツエクスプローラー

　コンテンツエクスプローラーでは、どのサービス（Exchange Onlineや SharePoint Online、OneDrive、Teams）の誰が作成したデータに、どのような機密情報が含まれているかを確認することができます。

　表示されたアイテムをクリックすると、右側にコンテンツの内容が表示されます。

図5.24：コンテンツエクスプローラー

■ アクティビティエクスプローラー

　アクティビティエクスプローラーでは、組織内のコンテンツに関するアクティビティを確認することができます。

　たとえば、ファイルの作成や変更、印刷、クラウドへのファイルのコピー、ファイル名の変更、ラベルの適用などさまざまなアクティビティが確認できます。

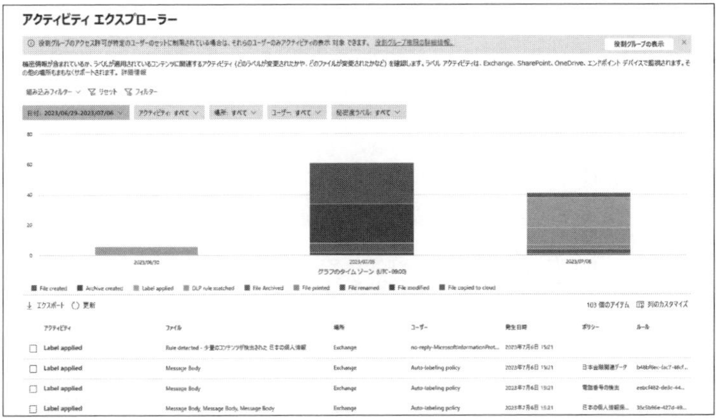

図5.25：アクティビティエクスプローラー

　グラフの下に表示されている、1件1件のアク
ティビティを選択すると、クライアントのIPアド
レスや、操作したファイル名、ファイルの保存場
所、誰が操作したかなどの情報が表示されます。

図5.26：アクティビティの詳細

5.3.2 データを保護する

　Microsoft 365では、組織内の機密情報を把握するために、定義されている機
密情報やトレーニング可能な分類子などを利用して、データを識別することがで
きます。また、識別されたデータは、コンテンツエクスプローラーなどで確認す
ることができます。そして、これらのデータを保護するためには、秘密度ラベル
を使用します。秘密度ラベルでは次の設定を行います。

227

■ 秘密度ラベルの適用対象

秘密度ラベルは、次のものに適用することができます。

● アイテム

WordやExcel、PowerPointなどで作成されたファイルやOutlookから送信されたメッセージ、OutlookやTeamsでスケジュールされたイベントや会議などを指します。

● グループ&サイト

Microsoft 365グループ、Teamsのチーム、SharePointサイトを指します。

● スキーマ化されたデータアセット

Azure SQLやAzure Cosmos DB、AWS RDSなどのデータベースの情報を指します。

秘密度ラベルには、次の設定を含めることができます。

■ 暗号化

ラベルが適用されたファイルなどに特定の人だけがアクセスできるように、アクセス許可や有効期限などを設定することができます。

＼ｌ／ここが
ポイント

暗号化（アクセス許可）の情報は、コンテンツとともに移動します。そのため、ファイルがコピーされたり転送されたりしても、アクセス許可の情報は一緒に移動するため、コンテンツの開示範囲を完全にコントロールすることができます。秘密度ラベルには、このように持続性があります。

■ 視覚的なマーキング

ドキュメントやメールのヘッダーやフッター部分に文字列を挿入したり、ドキュメントの中央に透かし（ウォーターマーク）を入れたりすることができます。

＼ｌ／ここが
ポイント

透かしは、ドキュメントに挿入することはできますが、電子メールに挿入することはできません。

■ 自動適用される場合の条件

　秘密度ラベルは、条件を満たしたときに、自動的にラベルを適用することができます。たとえば、メールやドキュメントにクレジットカード番号が入力された場合に、「Confidential」というラベルを自動的に適用するといったことができます。

第 5 章

　これらの設定を行い、秘密度ラベルを作成します。

　作成した秘密度ラベルは、ラベルポリシーを使用して公開する必要があります。公開設定を行うと、WordやExcel、PowerPoint、Outlookなどのアプリケーション上にラベルが表示され、ユーザーが利用できるようになります。

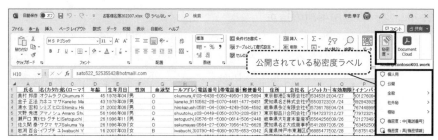

図5.27：公開された秘密度ラベル

　図5.27は、Excelの画面です。右上の［秘密度］ボタンをクリックすると、利用可能な秘密度ラベルの一覧が表示され、ラベルを適用することができます。

5.3.3 データの損失を防止する

　組織の機密情報が外部に漏洩しないように、秘密度ラベルを使用して暗号化をすることもできますが、データ損失防止の機能を利用すると、コンテンツそのものを共有したり外部に送信されないように構成することができます。データ損失防止を利用するには、Microsoft Purviewコンプライアンスポータルを使用して、データ損失防止（DLP）ポリシーを作成します。

> データ損失防止（DLP）ポリシーを作成するには、Microsoft Purviewコンプライアンスポータルを使用します。

　データ損失防止ポリシーを作成する際、次の設定を行う必要があります。

■ ポリシーの適用場所の指定

　SharePoint OnlineやExchange Online、Teams、OneDriveなどのMicrosoft 365のサービスやデバイス、オンプレミスのリポジトリ（ファイルサーバーなど）、Microsoft Defender for Cloud Appsなど、どこにポリシーを適用するかを指定します。

> デバイスに対して適用するDLPポリシーのことを、エンドポイントDLPといいます。
> エンドポイントDLPでは、ユーザーのデバイスで行う機密情報の操作を制限することができます。たとえば、機密情報のコピー/ペーストや印刷、USBデバイスへのコピーなどを禁止することができます。
> エンドポイントDLPは、Windows 10/11もしくはmacOSに適用できます。

■ ルールの作成

　ルールは、データ損失防止（DLP）ポリシー内に作成するもので、「条件」と「アクション」を定義します。
　たとえば、「クレジットカード番号が組織外のユーザーと共有されたら」という条件を作成し、「電子メールの送信をブロックする」や、「ヒントを表示する」といったアクションを設定します。このようなDLPポリシーを作成すると、実際に

条件に該当するアクティビティがあった場合に、電子メールの上部にポリシーヒントが表示されます。

さらに、電子メールを送信しようとするとブロックされます。

図5.28では、クレジットカード番号が含まれる電子メールを組織外のユーザーに送信しようとしている画面です。[送信] ボタンをクリックすると、送信がブロックされます。

図5.28：DLPポリシーに抵触する電子メールでは
ポリシーヒントが上部に表示される

図5.29：送信しようとすると
ブロックされる

データ損失防止（DLP）ポリシーでは、条件に該当した場合のアクションとして、ポリシーヒントを表示したり、電子メールの送信をブロックしたり、OneDriveのデータを保護することができます。

クレジットカード番号を含む電子メールの送信をユーザーに制限するには、データ損失防止ポリシーを作成します。

5.4 データライフサイクル管理

組織内には、多くのコンテンツが存在します。これらを何もすることなく放置しておくと、必要のないデータが組織内に溜まっていきます。必要なデータは、適切に保持される必要がありますが、不要になったデータをいつまでも組織内に置いておくのはリスクになります。そのため、必要な保持期間が終了したら速や

かに削除する必要があります。

　Microsoft 365では、コンテンツを保持するための機能として、次のようなものがあります。

- アイテム保持ポリシー
- 保持ラベル

　ここでは、アイテム保持ポリシーと保持ラベルについて紹介します。

5.4.1 アイテム保持ポリシーと保持ラベル

　アイテム保持ポリシーおよび保持ラベルは、Microsoft Purviewコンプライアンスポータルの［データライフサイクル管理］メニューの［Microsoft 365］から、作成や管理を行うことができます。

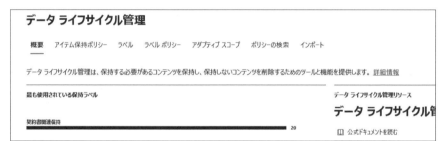

図5.30：［データライフサイクル管理］ページ

　［アイテム保持ポリシー］タブで、アイテム保持ポリシーを作成し、［ラベル］タブおよび［ラベルポリシー］タブで、保持ラベルの構成を行います。

■アイテム保持ポリシー
　アイテム保持ポリシーは、次の場所に適用できます。

- Exchangeメールボックス
- 従来のSharePointサイト
- Teamsチャネルメッセージやチャット
- Vivaエンゲージ（Yammer）ユーザー間やコミュニティ内でやり取りされる

メッセージ

HINT 従来のSharePointサイト

従来のSharePointサイトとは、Microsoft 365グループが接続されていない以前のテンプレートで作成されたサイトのことです。

HINT Vivaエンゲージ（Yammer）

Vivaエンゲージは、Microsoft 365のサービスの1つで、従業員のコミュニケーションを行うために使うツールです。

これらの場所にあるメールやコンテンツを、どれくらいの期間保持し、保持期間終了後にコンテンツを削除するかを指定します。

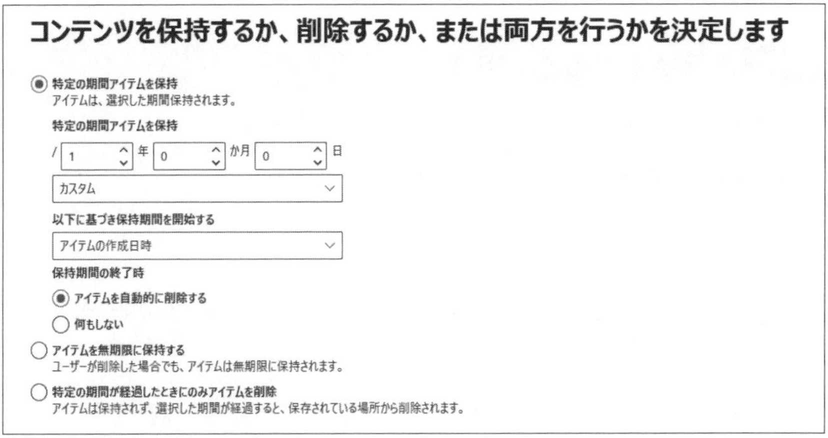

コンテンツを保持するか、削除するか、または両方を行うかを決定します

- ● 特定の期間アイテムを保持
  アイテムは、選択した期間保持されます。

  特定の期間アイテムを保持

  / [1] 年 [0] か月 [0] 日

  [カスタム ▽]

  以下に基づき保持期間を開始する

  [アイテムの作成日時 ▽]

  保持期間の終了時
  - ● アイテムを自動的に削除する
  - ○ 何もしない
- ○ アイテムを無期限に保持する
  ユーザーが削除した場合でも、アイテムは無期限に保持されます。
- ○ 特定の期間が経過したときにのみアイテムを削除
  アイテムは保持されず、選択した期間が経過すると、保存されている場所から削除されます。

図5.31：アイテム保持ポリシーの設定

アイテム保持ポリシーを作成することで指定した場所にポリシーが適用され、一定期間コンテンツが保持されるようになります。

HINT アイテム保持ポリシーの利用場面

アイテム保持ポリシーは、サイト単位で指定ができるため、特定のSharePointサイト内のデータを丸ごと1年保持したいといった場合に使用します。

■保持ラベル

　保持ラベルも、アイテム保持ポリシーと同様、「ファイルの作成日から〇年保持する」といった設定を行います。

　保持ラベルを利用するには、ラベルポリシーを使用してMicrosoft 365の場所に発行します。

　そうすることで、SharePointやOneDrive、Exchange Onlineなどで利用できるようになり、ユーザーが手動で保持ラベルを適用できるようになります。

　図5.32は、Wordファイルに保持ラベルを適用する画面です。このように、ファイルやフォルダーといったアイテム単位で、ユーザーが公開されている保持ラベルを自由に設定することができます。

　保持ラベルは、ユーザーが手動で適用することも、自動適用することもできます。

図5.32：保持ラベルの適用

> **HINT　保持ラベルの利用場面**
>
> 保持ラベルは、フォルダーやアイテム単位で保持を設定できます。
> そのため、1つのSharePointサイト内に、1年保持したいデータと2年保持したいデータが混在している場合は、保持ラベルを使用します。

ここが ポイント

ユーザーがデータを削除しても、SharePointサイト内のすべてのファイルのコピーを1年間保持されるようにするには、保持ラベルやアイテム保持ポリシーを使用します。

　保持ラベルは、Microsoft Purviewコンプライアンスポータルの［データライフサイクル管理］から作成することができますが、［レコード管理］からも作成できます。

　［レコード管理］から保持ラベルを作成すると、次のような設定を行うことができます。

図5.33：［レコード管理］からも保持ラベルの作成が可能

■アイテムをレコードとして分類する

レコードとして分類されたアイテムは、編集したり削除したりすることができなくなります。

レコードとして分類されていない場合、ラベルが適用されているアイテムをユーザーが編集したり削除したりすることができます。

■アイテムを規制レコードとして分類する

規制レコードとして設定されたアイテムは、アイテムを編集したり、削除したりすることはできません。また規制レコードとして分類するラベルを適用した後は、管理者であっても適用されたラベルを変更したり、削除したりすることができなくなります。

保持期間中の動作を選択する

これらの設定は、保持アイテムに対してユーザーが実行できる操作を制御します。

保存期間中

⦿ ユーザーが削除した場合でもアイテムを保持する
ユーザーはアイテムを編集したり、ラベルを変更または削除したりできます。アイテムを削除した場合、コピーは安全な場所に保管されます。詳細情報

◯ アイテムをレコードとして分類する
ユーザーはアイテムを編集または削除できず、管理者のみがラベルを変更または削除できます。SharePoint または OneDrive ファイルの場合、アイテムのレコード状態がロックされているかロック解除されているかに応じて、操作がブロックまたは許可されます。レコードに関する詳細情報

◯ アイテムを規制レコードとして分類する
ユーザーはアイテムを編集または削除したり、ラベルを変更または削除したりできません。また、管理者は、作成後にこのラベルを変更または削除することはできません。保持期間を延長したり、他の場所に公開したりすることができます。規制レコードに関する詳細情報

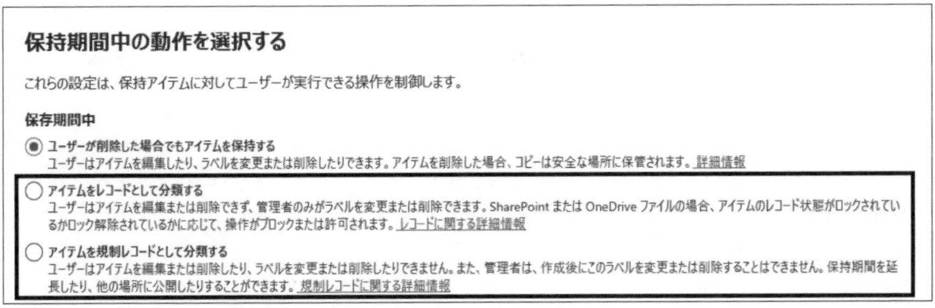

図5.34：[レコード管理] から保持ラベルを作成すると、アイテムをレコードとして分類するように設定できる

5.5 eDiscovery

eDiscovery（電子情報開示）は、企業や組織が訴訟を起こされたときに証拠として使用できるデータ保留し、検索することができるソリューションで、次の機能が含まれます。

- コンテンツの検索
- eDiscovery（電子情報開示）

ここでは、上記の2つの機能について紹介します。

5.5.1 コンテンツの検索

コンテンツの検索を利用すると、SharePointやOneDrive、Exchange Online などのサービスに含まれるコンテンツで、指定したキーワードに該当するものを 検索して、エクスポートすることができます。

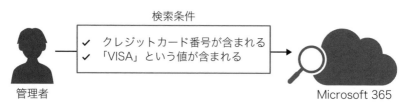

図5.35：Microsoft 365のコンテンツを検索することができる

コンテンツの検索を行うには、Microsoft Purviewコンプライアンスポータル を使用して、検索する場所や検索条件を作成する必要があります。

検索条件の定義

クエリの言語と国/地域: なし

◉ クエリ ビルダー

○ KQL エディター

∧ キーワード

機密

☐ キーワード一覧を表示

＋ 条件の追加 ∨

図5.36：検索条件の指定

検索が完了すると、検索結果をプレビューすることができます。

図5.37：検索結果のプレビュー

ここが

ポイント

SharePoint Onlineに保存されているファイルで特定のキーワードを含むコンテンツを検索することができます。

5.5.2 eDiscovery（電子情報開示）

　電子情報開示を利用すると、訴訟に必要なデータを改ざんされることなく保留（ホールド）しておくことができます。

　ここでは、基本的な電子情報開示の機能および設定プロセスを紹介します。電子情報開示では、次のことを行うことができます。

- ・指定した場所（SharePoint、OneDrive、Exchange OnlineやTeamsなど）にあるコンテンツを保留（ホールド）することができます。
- ・保留したコンテンツを検索することができます。
- ・検索結果をエクスポートすることができます。

　上記の設定を行えるようにするためには、電子情報開示で、「ケース」を作成します。

　作成したケースに、保留の設定や検索条件などを設定します。

　検索結果で表示されたメールやファイルは、エクスポートして裁判所に提出するといったことができます。

ここが
ポイント

電子情報開示は、データの検索、保留（ホールド）、エクスポートを行うことができます。

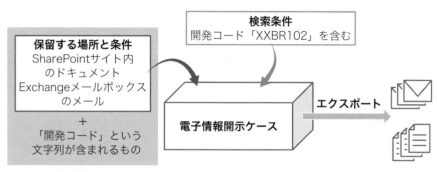

図5.38：電子情報開示

電子情報開示は、次の手順で設定を行います。

Step1：アクセス許可を付与します。

ケースの作成や管理を任せたい人に対してeDiscovery Managerの役割を割り当てます。

Step2：新しいケースを作成します。

Step1で権限を割り当てられた人が、ケースの作成を行います。

Step3：対象のコンテンツを保留します。

場所や条件を指定してコンテンツを保留します。

Step4：コンテンツ検索を作成して実行します。

必要に応じて保留した場所を検索します。

ここが
ポイント

ユーザーが削除や改ざんをしたコンテンツを検索するには、コンテンツが保存されている
場所を保留します。

5.6 Microsoft Purviewの インサイダーリスク機能

　Microsoft 365は、「インサイダー」が起こすリスクに対しても対策が行えるようになっています。

　「インサイダー」は、内部の人という意味ですが、現在、組織に所属して働いている従業員だけでなく、以前、その組織で働いていた人や、その組織に協力している外部のパートナーの人も含まれます。

　このような人たちが起こすリスクには、次のようなものがあります。

● 退職間近の従業員が、組織の機密ファイルを大量にダウンロードして持ち出す。
● インサイダー取引
● パワーハラスメントやセクシャルハラスメント

図5.39：インサイダーリスクの一例

　前述したものは、一例ですが、これ以外にもインサイダーが引き起こすリスクにはさまざまなものがあります。

　実際に、組織の情報漏洩の原因として半分以上を占めるのは、従業員によるうっかりミスであると言われています。そのため、外部に対する対策だけではなく、内部に対する対策も組織で適切に行う必要があります。

　Microsoft 365では、次のようなインサイダーリスク対策の機能が用意されています。

● 内部リスクの管理
● コミュニケーションコンプライアンス
● Information Barriers
● カスタマーロックボックス

239

ここでは、これらの4つの機能を紹介します。

5.6.1 内部リスクの管理

内部リスクの管理は、従業員が行うファイルのダウンロードなどのアクティビティを監視し、不審なアクティビティがあった場合に検出することができます。リスクとして検出することができるアクティビティには、次のようなものがあります。

- SharePointからのコンテンツの大量ダウンロード
- 添付ファイル付きのメールを組織外の受信者に送信する
- ファイルを印刷、USBデバイスにコピーする
- 組織外のユーザーとのSharePointファイルの共有

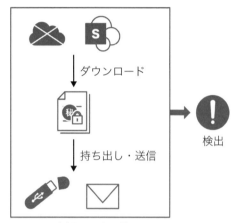

図5.40：内部リスクの管理ではSharePointなどのファイルのダウンロードを検出できる

ここが
ポイント

内部リスクの管理ソリューションを使用して、従業員によるデータ漏洩を検出することができます。

前述したもの以外にもさまざまなアクティビティを検出することができます。これらのアクティビティを検出できるようにするには、Microsoft Purviewコンプライアンスポータルを使用して、内部リスクの管理ポリシーを作成します。

図5.41：Microsoft Purviewコンプライアンスポータル

内部リスクの管理の設定は、Microsoft Purviewコンプライアンスポータルで行います。

ポリシーの作成を含めた内部リスク管理のワークフローは次の通りです。

Step1：ポリシーの作成

・ポリシーを作成し、適用対象者やトリガーとなるアクティビティの指定を行います。

Step2：アラートの発生

・Step1で作成したポリシーに合致するアクティビティがあると検出されます。

Step3：評価とトリアージ

・上がったアラートの内容を確認し、重要度などを確認します。
・対応の優先順位を付けます。

Step4：調査

・優先度の高いアラートの調査を行います。

Step5：アクション

・調査の結果に対して、どのような対応を行うかを関係者で検討し、アクションを行います。

第5章

241

前述のプロセスで、解決のための手順になるのがStep3〜Step5です。

5.6.2 コミュニケーションコンプライアンス

コミュニケーションコンプライアンスは、コミュニケーションツールを監視することで、従業員間および従業員と外部の人との不適切なやり取り（パワーハラスメントやセクシャルハラスメントなど）を検出することができます。

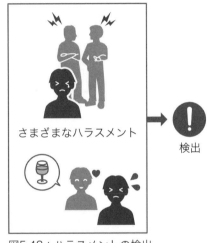

図5.42：ハラスメントの検出

監視できるマイクロソフトのコミュニケーションツールは、次の通りです。

・Microsoft Teams
・Exchange Online
・Vivaエンゲージ（Yammer）

HINT 監視できるコミュニケーションツール

Slackなど、マイクロソフト以外のツールも監視できます。

不適切なやり取りを検出できるようにするには、ポリシーを作成して、適用対

象者や監視をするサービスなどを選択します。ポリシーに抵触するアクティビティがあった場合に、管理者がやり取りの内容を確認することができます。図5.43は、不適切なやり取りとして検出されたTeamsのメッセージです。

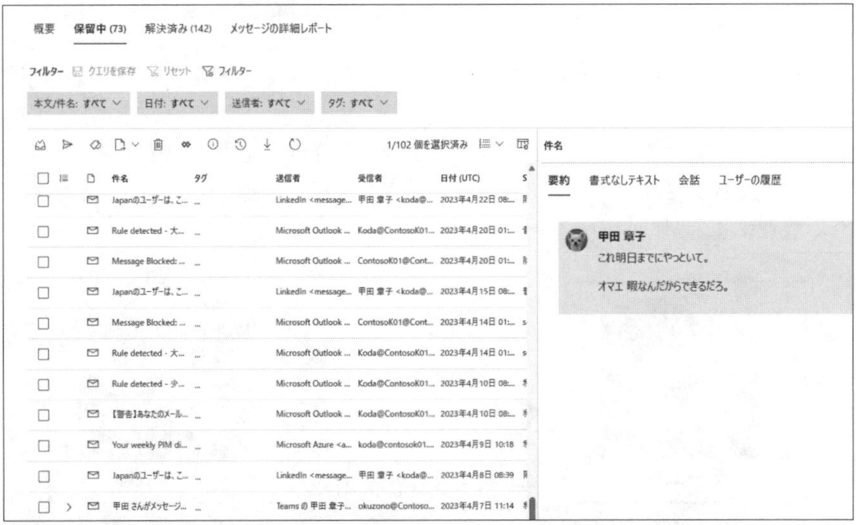

図5.43：検出されたチャットのやり取り

このようなやり取りが検出された場合に、通知メッセージを送信するなどの対応を取ったり、さらに担当者にエスカレーションして詳しく調査することができます。

5.6.3 Information Barriers

Information Barriersは、組織内の特定のメンバー間の通信をブロックするために利用することができる機能で、次のサービスに適用できます。

- ・Microsoft Teams
- ・SharePoint Online
- ・OneDrive for Business

Information Barriersを利用できるのは、Microsoft Teams、SharePoint Online、OneDrive for Businessです。

　たとえば、Microsoft Teamsのチーム間で通信をブロックしたりすることができます。

　ブロックするためには、情報バリアポリシーを作成し適用します。ブロックすると、ブロックされたチームメンバーの検索や通話、会議、チャットなどができなくなります。

図5.44：Information Barriers

Information Barriersは、試験では「情報バリア」や「情報障壁」という名前で出題される場合があります。

5.6.4　カスタマーロックボックス

　テナントで、特定のサービスが利用できない場合や、機能を設定したにもかかわらず反映されないなどの問題が起きた場合、マイクロソフトからサポートを受けたいことがあります。サポートを受けるには、電話もしくはサポートリクエストを作成します。

 サポートリクエストの作成

サポートリクエストは、Microsoft 365管理センターを使用して作成します。

　サポートリクエストをマイクロソフトが受け取ると、内容を検討し、サポートを開始します。その際、マイクロソフトのエンジニアがテナントのデータにアクセスしなければならないことがあります。

　この時、組織の承認を得た上で、Microsoft 365テナントのデータにアクセスしてもらえるように、承認のプロセスを挟むことができるのがカスタマーロックボックスです。

　カスタマーロックボックスを有効にすると、次のようなプロセスが実行されます。

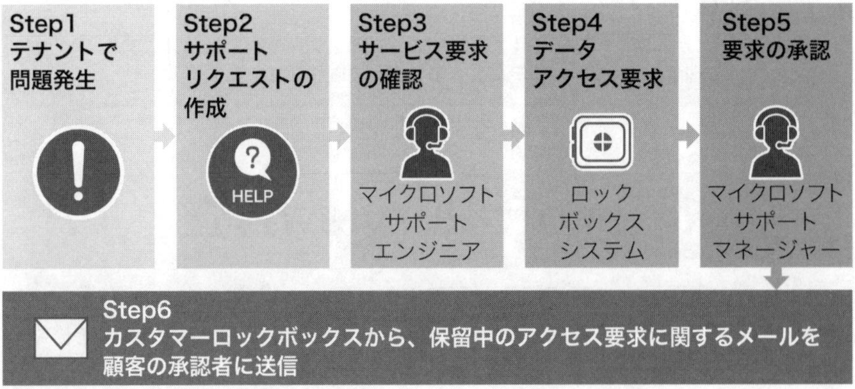

| Step1
テナントで
問題発生 | Step2
サポート
リクエストの
作成 | Step3
サービス要求
の確認

マイクロソフト
サポート
エンジニア | Step4
データ
アクセス要求

ロック
ボックス
システム | Step5
要求の承認

マイクロソフト
サポート
マネージャー |

Step6
カスタマーロックボックスから、保留中のアクセス要求に関するメールを顧客の承認者に送信

図5.45：カスタマーロックボックスのプロセス

● Step1
　組織が契約するMicrosoft 365テナントで問題が発生します。

● Step2
　組織のエンジニアが、サポートリクエストを作成します。

● Step3
　サポートリクエストを受け取ったマイクロソフトのサポートエンジニアが内容を確認します。

● Step4
　内容を検討した結果、テナントのデータにアクセスしなければサポートできない場合、データアクセスの要求を作成します。

● Step5
　マイクロソフトのサポートマネージャーがテナントにアクセスする必要があるかを確認し、承認を行います。

● Step6

カスタマーロックボックスから、組織のデータアクセスに対する承認要求が送信されます。

このようなプロセスが実行され、最終的に組織側で要求に対して承認を行うと、マイクロソフトのサポートエンジニアが組織のデータにアクセスできるようになります。

カスタマーロックボックスを使用すると、マイクロソフトのエンジニアにSharePoint、Exchange Online、OneDriveのデータへのアクセスを許可できます。

5.7 Microsoft Purview監査

Microsoft 365テナントで監査が有効になっている場合、Microsoft Purviewコンプライアンスポータルで、ユーザーや管理者のアクティビティログを検索して表示することができます。

図5.46：Microsoft Purviewコンプライアンスポータルから、監査ログを確認できる

Microsoft Purview監査には、次の2種類があります。

● Microsoft Purview監査（標準）
● Microsoft Purview監査（Premium）

次のライセンスが割り当てられているユーザーであれば、Microsoft Purview監査（Premium）を使用することができます。

・Microsoft 365 E5
・Microsoft 365 E5 Compliance
・Microsoft 365 E5 eDiscovery and Audit
・Office 365 E5

上記以外のライセンス（たとえば、Microsoft 365 E3など）が割り当てられている場合は、Microsoft Purview監査（標準）を使用します。

5.7.1 監査ログの保持期間

監査ログの保持期間は、どのライセンスが割り当てられているかに関わらず、既定で90日間保持されます。

ここが ポイント

監査ログの既定の保持期間は、90日です。

ただし、Microsoft 365 E5、Microsoft 365 E5 Compliance、Microsoft 365 E5 eDiscovery and Audit、Office 365 E5ライセンスのいずれかが割り当てられている場合、次の種類のログは、自動的に1年間保持されます。

・Microsoft Entra ID（Azure Active Directory）
・Exchange Online
・SharePoint Online

これは、既定で監査保持ポリシーが作成され、上記の3種類のログが1年間保持されるようになっているためです。上記以外のログについても1年保持されるようにするためには、監査保持ポリシーを作成

図5.47：監査保持ポリシーの作成画面

し、保持したいログの種類や保持期間を設定します。このようにMicrosoft Purview監査（Premium）が利用できるライセンスが割り当てられている場合、最大1年間監査ログを保持することができます。

ポイント

Microsoft 365 E5ライセンスが割り当てられているユーザーの場合、関連する監査ログを最大1年間保持するように設定することができます。

HINT　1年よりも長くログを保持したい場合

監査ログを1年よりも長く保持したい場合、Microsoft 365 E5ライセンスなどの適切なライセンスに加え、アドオンライセンスを購入することで最大10年までログを保持することができます。

5.7.2　Microsoft Purview監査（Premium）のメリット

Microsoft Purview監査（Premium）では、監査ログの長期保存ができる以外に、次のメリットがあります。

■ データアクセスの高速化

すべての組織には、最初に1分あたり2,000件の要求のベースラインが割り当てられます。この制限は、組織で所有するライセンスの数や内容に応じて動的に増加します。E5のライセンスを所有している組織は、E5以外の組織の約2倍の帯域幅を利用できます。これにより、高速に監査ログにアクセスすることができます。

■ 重要なイベントの監査

E5ライセンスが付与されていると、次のようなログを取得することができます。

● MailItemsAccessed

メールデータがメールプロトコルやメールクライアントによってアクセスされたときにトリガーされます。

これは、メールの閲覧を記録するためのログで、読まれたメールを特定することができます。

● Send

　メールメッセージの送信、返信、転送が行われたときにトリガーされます。た
とえば、攻撃者から送信されたメッセージを特定する際に使用します。

● SearchQueryInitiatedExchange

　ユーザーがOutlookを使用してメールボックス内のアイテムを検索するときに
トリガーされます。デスクトップクライアントのOutlook、Outlook on the web、
Outlook for iOS、Outlook for Android、Windows 10/11用メールアプリでア
イテムを検索したときにトリガーされます。

　たとえば、メールボックスが侵害された場合に、攻撃者がどのようなキーワー
ドで検索したのかを特定することができます。

● SearchQueryInitiatedSharePoint

　SharePoint内のアイテムをユーザーが検索すると、イベントがトリガーされます。

　たとえば、攻撃者が機密情報を探すためにどのような検索キーワードを使用し
ているかといった意図を知ることができます。

ここが
ポイント

E5ライセンスで取得可能なログの種類を覚えておきましょう。

練習問題

問題 5-1

情報保護を行うことができるツールは次のうちどれですか。

A. Microsoft 365 Defender
B. Microsoft Purviewコンプライアンスポータル
C. Microsoft Endpoint Manager admin center
D. Azure Active Directory管理センター

問題 5-2

データ損失防止(DLP)ポリシーを作成する必要があります。何を使うべきですか。

A. Microsoft Purviewコンプライアンスポータル
B. Microsoft Endpoint Manager admin center
C. Microsoft 365管理センター
D. Microsoft 365 Defenderポータル

問題 5-3

Microsoft 365の秘密度ラベルの特徴は何ですか。

A. 暗号化されている
B. 事前定義されたカテゴリに制限
C. 持続性

問題 5-4

マイクロソフトのプライバシー原則を表すステートメントはどれですか。

A. マイクロソフトは、顧客のプライバシー設定を管理します。
B. マイクロソフトは、顧客に適用される現地のプライバシー法を尊重します。
C. マイクロソフトは、ホストされた顧客の電子メールとチャットデータをターゲット広告に使用します。
D. マイクロソフトは、顧客データを収集しません。

問題 5-5

マイクロソフトのセキュリティ、コンプライアンス、プライバシーなどの情報を得るために利用できるサイトはどれですか。

A. Microsoft Purviewコンプライアンスポータル
B. コンプライアンスマネージャー
C. サービストラストポータル
D. Microsoftサポート

問題 5-6

次の各ステートメントが正しい場合は「はい」を、正しくない場合は「いいえ」を選択してください。

① Microsoft 365の高度な監査を使用すると、電子メールアイテムがいつアクセスされたかを識別できます。
② Microsoft 365の高度な監査は、コア監査と同じ監査ログの保持期間をサポートします。
③ Microsoft 365の高度な監査では、監査データにアクセスするために顧客専用の帯域幅が割り当てられます。

問題 5-7

ユーザーがデータを削除しても、SharePointサイト内のすべてのファイルのコピーを1年間は保存されるようにする必要があります。何を構成するべきですか。

A. アイテム保持ポリシー
B. 秘密度ラベル
C. データ損失防止（DLP）
D. インサイダーリスクポリシー

問題 5-8

マイクロソフトのクラウドサービスが国際標準化機構（ISO）などの規制基準にどのように準拠しているかについての情報を提供するマイクロソフトポータルはどれですか。

A. Microsoft Endpoint Manager admin center

B. Azureコスト管理＋請求

C. Microsoft 365管理センター

D. サービストラストポータル

問題 5-9

Microsoft 365で、情報バリアポリシーを実装する場合のユースケースは何ですか。

A. Microsoft 365への非三次元アクセスを制限します。

B. 組織内の特定のグループ間で、Microsoft Teamsでのチャットを制限します。

C. 組織内の特定のグループ間で、Exchange Onlineでの電子メールの送受信を制限します。

D. 外部の電子メール受信者に対するデータ共有を制限します。

問題 5-10

次の各ステートメントが正しい場合は「はい」を、正しくない場合は「いいえ」を選択してください。

① 秘密度ラベルはドキュメントを暗号化するために使用できます。

② 秘密度ラベルはドキュメントにヘッダーとフッターを追加できます。

③ 秘密度ラベルは電子メールに透かしを入れることができます。

問題 5-11

特定の状態に基づいて自動的にコンテンツを暗号化できるMicrosoft 365のコンプライアンス機能は何ですか。

A. 電子情報開示

B. 保持ポリシー

C. 秘密度ラベル

D. コンテンツ検索

問題 5-12

次のステートメントを完成させてください。

[　]は情報保護、情報ガバナンス、データ損失防止（DLP）ポリシーを管理するための一元的な場所を提供します。

A. Microsoft Defender for Cloud
B. Microsoft 365 Defender
C. Microsoft Purviewコンプライアンスポータル
D. Microsoft Endpoint Manager

問題 5-13

次の各ステートメントが正しい場合は「はい」を、正しくない場合は「いいえ」を選択してください。

① Exchange Onlineで情報バリアを利用することができます。
② SharePoint Onlineで情報バリアを利用することができます。
③ Microsoft Teamsで情報バリアを利用することができます。

問題 5-14

次のステートメントを完成させてください。

[　]は、特定の規制または要求事項のグループ化されたコントロールへの準拠を追跡します。

A. 評価（アセスメント）
B. 承認アクション
C. ソリューション
D. テンプレート

問題 5-15

次の各ステートメントが正しい場合は「はい」を、正しくない場合は「いいえ」を選択してください。

① インサイダーリスク管理ソリューションを利用して、フィッシング詐欺を検知することができます。
② Microsoft Purviewコンプライアンスポータルからインサイダーリスク管理ソリューションにアクセスすることができます。
③ インサイダーリスク管理ソリューションは、不満のある従業員によるデータ漏洩を検出するために使用することができます。

問題 5-16

コンプライアンスマネージャーでコンプライアンススコアを評価しています。コンプライアンススコアアクションのサブカテゴリを適切なアクションに一致させます。

① 静止データの暗号化は、［①］です。
  A. 修正
  B. 検出
  C. 予防

② システムアクセス監査の実施は、［②］です。
  A. 修正
  B. 検出
  C. 予防

③ セキュリティインシデントに対応するために構成を変更するのは、［③］です。
  A. 修正
  B. 検出
  C. 予防

問題 5-17

次のステートメントを完成させてください。

コンプライアンスマネージャーでは、コンプライアンスデータを、［　］評価します。

  A. 1か月

B. 四半期

C. 継続して

D. オンデマンドで

問題 5-18

次のステートメントを完成させてください。

[ ] は、データ保護と規制基準に関するリスクの軽減に役立つアクションを完了した企業の進捗を測定します。

A. コンプライアンススコア

B. Microsoft Purviewコンプライアンスポータルレポート

C. トラストセンター

D. トラストドキュメント

問題 5-19

顧客のリストと関連付けられたクレジットカード番号を含む電子メールメッセージの送信をユーザーに制限するために使用できるMicrosoft 365の機能はどれですか。

A. アイテム保持ポリシー

B. データ損失防止（DLP）

C. 情報バリア

D. 条件付きアクセスポリシー

問題 5-20

次の各ステートメントが正しい場合は「はい」を、正しくない場合は「いいえ」を選択してください。

① Microsoft Purviewは、機密データの分類を提供します。

② Microsoft Sentinelは、データライフサイクル管理ソリューションです。

③ Microsoft Purviewは、Azureに保存されているデータのみを検出することができます。

問題 5-21

Microsoft 365の秘密度ラベルでできることは何ですか。

A. 保存期間を指定します。
B. 保存場所を指定します。
C. 透かしを挿入します。
D. アーカイブのタイミングを指定します。

問題 5-22

次のステートメントを完成させてください。
[　]を使用すると、インサイダーリスク管理を構成できます。

A. Microsoft 365管理センター
B. Microsoft Purviewコンプライアンスポータル
C. Microsoft 365 Defender
D. Microsoft Defender for Cloud

問題 5-23

次のステートメントを完成させてください。
[　]を使用すると、組織内のグループ間の通信を制御することができます。

A. カスタマーロックボックス
B. Azure AD Privileged Identity Management
C. 情報バリア
D. 条件付きアクセス

問題 5-24

Microsoft Purviewコンプライアンスポータルの情報保護ソリューションを使用して何を保護できますか。

A. ゼロデイ攻撃からコンピューターを保護します。
B. フィッシング先からユーザーを守ります。
C. マルウェアやウイルスからファイルを保護します。
D. 機密データが許可されていないユーザーに公開されないようにします。

問題 5-25

次の各ステートメントについて、正しければ「はい」を選択し、そうでない場合は「いいえ」を選択します。

① Exchange Onlineでは、情報バリアを使用してユーザー間の通信を制限できます。

② 情報バリアを使用して、SharePoint Onlineサイトへのアクセスを制限できます。

③ 情報バリアを使用して、Microsoft Teamsで他のユーザーとファイルを共有できないようにできます。

練習問題の解答と解説

問題 5-1 **正解** B

✎ 参照 5.2.1　Microsoft Purviewコンプライアンスポータル

　情報保護の機能を実装するには、Microsoft Purviewコンプライアンスポータルを利用します。

問題 5-2 **正解** A

✎ 参照 5.3.3　データの損失を防止する

　データ損失防止ポリシーを作成するには、Microsoft Purviewコンプライアンスポータルの［データ損失防止］を使用します。

問題 5-3 **正解** C

✎ 参照 5.3.2　データを保護する

　秘密度ラベルに含められる暗号化（アクセス許可）の情報は、持続性があり、転送やコピーされてもデータと一緒に移動します。

問題 5-4 **正解** B

✎ 参照 5.1.1　プライバシー原則

　マイクロソフトは、顧客に適用される地域のプライバシー法を尊重し、マイクロソフトのクラウドサービスに保存されている顧客のデータを保護します。いかなる政府や法執行機関の要求であったとしても顧客の承諾なしにマイクロソフトが独断で顧客のデータを開示、提供することはありません。

問題 5-5 **正解** C

✎ 参照 5.1.2　サービストラストポータル

　サービストラストポータルでは、マイクロソフトのクラウドサービスにおけるセキュリティ対策やコンプライアンス対策、プライバシーへの取り組みなどの情報を確認できます。

問題 5-6 **正解** 以下を参照

✎ 参照 5.7.2　Microsoft Purview監査（Premium）のメリット

①はい

　高度な監査（Microsoft Purview監査（Premium））では、MailItemsAccessedアクティビティで、いつメールアイテムにアクセスしたかを確認できます。

②いいえ

　Microsoft Purview監査（標準）では、90日までしか監査ログを保持することができませんが、Microsoft Purview監査（Premium）の場合、最大1年まで監査ログを保持できます。

③はい

高度な監査（Microsoft Purview監査（Premium））では、監査ログにアクセスする際、すべての組織には、最初に1分あたり2,000件の要求のベースラインが割り当てられます。E5組織は、E5以外の組織の約2倍の帯域幅を利用できます。

問題 5-7 正解〉A　　　　　　　　　参照 5.4.1　アイテム保持ポリシーと保持ラベル

SharePointサイト内のファイルのコピーを1年間保持されるようにするには、アイテム保持ポリシーを作成します。

問題 5-8 正解〉D　　　　　　　　　　　参照 5.1.2　サービストラストポータル

マイクロソフトのクラウドサービスがISOなどの特定の規制や標準に準拠しているかを確認するには、サービストラストポータルを利用します。

問題 5-9 正解〉B　　　　　　　　　　　参照 5.6.3　Information Barriers

情報バリアポリシーは、Teamsのチーム間でのチャットを制限したりするときに利用します。

問題 5-10 正解〉以下を参照　　　　　　　参照 5.3.2　データを保護する

①はい

秘密度ラベルには、暗号化の設定を含めることができます。

②はい

秘密度ラベルを適用したときに、あらかじめ定義しておいたヘッダー情報やフッター情報をドキュメントに挿入することができます。

③いいえ

電子メールに透かしを入れることはできません。

問題 5-11 正解〉C　　　　　　　　　　　参照 5.3.2　データを保護する

パスポート番号が入力されたときなど、特定の状態に基づいて自動的に特定の秘密度ラベルを適用し暗号化をすることができるのは、秘密度ラベルです。

問題 5-12 正解〉C　　　　　　　参照 5.2.1　Microsoft Purviewコンプライアンスポータル

情報保護や情報ガバナンス、データ損失防止などの設定や管理を行う場所は、Microsoft Purviewコンプライアンスポータルです。

第5章

問題 5-13 正解 **以下を参照**　　　　　　　　　　参照 5.6.3　Information Barriers

①いいえ

Exchange Onlineでは、情報バリア（Information Barriers）を利用することはできません。

②はい

SharePoint Onlineでは、情報バリア（Information Barriers）を利用することができます。

③はい

Microsoft Teamsでは、情報バリア（Information Barriers）を利用することができます。

問題 5-14 正解 **A**　　　　　　　　　　参照 5.2.3　コンプライアンスマネージャー

評価テンプレートを使用して評価を追加することで、特定の規制に対する準拠状態を確認することができます。

問題 5-15 正解 **以下を参照**　　　　　　　　　　参照 5.6.1　内部リスクの管理

①いいえ

内部リスクの管理は、フィッシング詐欺を検知することはできません。

②はい

内部リスクの管理は、Microsoft Purviewコンプライアンスポータルを使用して設定や確認を行います。

③はい

内部リスクの管理は、従業員によるデータ漏洩を検出することができます。

問題 5-16 正解 **①C、②B、③A**　　　　　　　　　　参照 5.2.3　コンプライアンスマネージャー

データの暗号化は予防です。システムアクセス監査の実施は検出です。セキュリティインシデントに対応するために構成を変更するのは修正です。

問題 5-17 正解 **C**　　　　　　　　　　参照 5.2.3　コンプライアンスマネージャー

コンプライアンスマネージャーは、Microsoft 365テナントを自動的にスキャンしてシステム設定を検出し、継続的に更新します。アクションの状態は、ダッシュボードで24時間ごとに更新されます。

問題 5-18 正解 **A**
参照 5.2.3　コンプライアンスマネージャー

　データ保護と規制基準に関するリスクの軽減に役立つアクションを完了した企業の進捗を測定することができるのは、コンプライアンススコアです。

問題 5-19 正解 **B**
参照 5.3.3　データの損失を防止する

　クレジットカード番号を含む電子メールメッセージの送信を制限するには、データ損失防止（DLP）を利用します。

問題 5-20 正解 **以下を参照**
参照 5.2　Microsoft Purviewコンプライアンス管理機能

①はい

Microsoft Purviewでは、機密データを分類する機能（秘密度ラベル）を提供します。

②いいえ

Microsoft Sentinelは、クラウドベースのSIEMでありSOARです。

③いいえ

AzureおよびMicrosoft 365などのさまざまなリソースを保護することができます。

問題 5-21 正解 **C**
参照 5.3.2　データを保護する

　秘密度ラベルを利用すると、ドキュメントに透かしを挿入することができます。

問題 5-22 正解 **B**
参照 5.6.3　Information Barriers

　インサイダーリスク管理の構成ができるのは、Microsoft Purviewコンプライアンスポータルです。

問題 5-23 正解 **C**
参照 5.6.3　Information Barriers

　組織内のグループ間の通信を制限するには、情報バリア（Information Barriers）を使用します。

問題 5-24 正解 **D**
参照 5.2.1　Microsoft Purviewコンプライアンスポータル

　Microsoft Purviewコンプライアンスポータルでは、秘密度ラベルを使用して、機密情報の暗号化や公開範囲を制御することができます。

問題 5-25 正解 以下を参照　　　　　　　　　参照 5.6.3　Information Barriers

①いいえ

　情報バリア（Information Barriers）は、Exchange Onlineでは利用できません。

②はい

　SharePoint Onlineでは、情報バリア（Information Barriers）を利用してサイトへのアクセスを制限できます。

③はい

　Microsoft Teamsでは、情報バリア（Information Barriers）で他のユーザーとファイルを共有できないようにすることができます。

第 **6** 章

Microsoft Azureのコンプライア ンスソリューションの機能を説明する

本章では、Microsoft Azureのコンプライアンス機能を提供する リソースロック、Azure Policy、Azure Blueprints、Microsoft Purviewユニファイドデータガバナンスソリューションなどの サービスを解説します。

理解度チェック・・

- ☐ リソースロック
- ☐ Azure Policy
- ☐ Azure Policyのスコープ（管理グループ、サブ スクリプション、リソースグループ、リソース）
- ☐ Azure Policyのポリシー定義とイニシアチブ定義
- ☐ Azure Policyの評価のタイミング
- ☐ Azure Blueprints

- ☐ Azure向けのMicrosoftクラウド導入フレームワーク
- ☐ Azure Blueprintsのコンポーネント（リソースグルー プ、ARMテンプレート、RBAC、Azure Policy）
- ☐ Microsoft Purview
- ☐ Microsoft PurviewのData Map
- ☐ Microsoft PurviewのData Catalog
- ☐ Microsoft PurviewのData Insights

アクセスキー **A**

（大文字のエー）

6.1　Azureのリソースガバナンス機能

　ガバナンス（governance）とは「統治」や「支配」を意味する言葉で、企業や組織が健全な運営を行うために、管理体制を確立することです。組織で利用されるさまざまなクラウドサービスも、組織のルールに従った状態で運用され、監視される必要があります。Azureでは、組織のITガバナンスを実現するためのさまざまなサービスが提供されていて、これらを利用することでAzureリソースを適切な状態で運用することができます。ここではAzureのリソースガバナンス機能を提供するサービスを説明します。

6.1.1　リソースロック

　リソースロックとは、他のユーザーによる重要なリソースの削除や変更を防ぐ機能です。この機能により、人の操作ミスなどによる意図しない削除や変更が行われることを防止することができます。Azureで使用されるリソースには、本番稼働しているものもあれば、検証や開発目的で使用されているものもあります。もし誤って本番稼働している重要なリソースを削除してしまった場合、影響範囲が広く取り返しのつかないことになる可能性があります。そのような事態を防ぐために、リソースをロックする機能があります。

　リソースロックには、次の2つの種類があります。

- ●削除ロック
- ●読み取り専用ロック

　「削除ロック」は、削除操作を禁止するロック機能です。たとえば、RG1というリソースグループに削除ロックが構成されている場合、RG1の削除はできません。また、ロックは上位リソースから下位リソースに継承されます。そのため、RG1の削除もその中にあるリソースの削除もできません。ただし、削除ロックはあくまでも削除を禁止するものなので、リソースを追加したり、既存のリソースを更新することはできます。

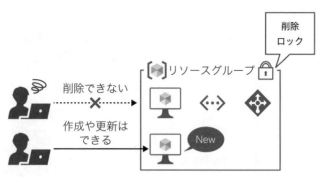

図6.1：削除ロック

　それに対して「読み取り専用ロック」は、リソースの読み取り操作しかできません。たとえばRG1というリソースグループに読み取り専用ロックが構成されている場合、RG1内のリソースは閲覧できます（リソースの読み取り）。

　しかし、RG1内への新しいリソースの作成や、リソースの更新（仮想マシンのサイズ変更など）はできません。また、RG1のリソースグループやその中のリソースを削除することもできません。このように、読み取り専用ロックは削除ロックよりも強力な保護を行います。

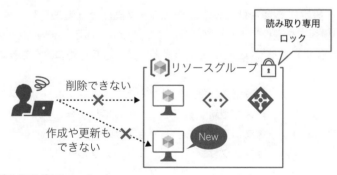

図6.2：読み取り専用ロック

ここが
ポイント

リソースロックには2種類のロックがあります。
・削除ロック…削除操作を実行することができないロック
・読み取り専用ロック…リソースの読み取り操作しかできないロック

　Azure portalでリソースロックを構成する場合は、リソースメニューから行えます。たとえばリソースグループにロックを設定したい場合は対象のリソースグループを表示し、［ロック］メニューをクリックします（図6.3）。

図6.3：ロックの設定

　ロックを設定する場合は、表示されたロック画面で［追加］をクリックし、「ロックの種類」を選択します（図6.3）。そしてロックの名前を設定し［OK］をクリックします。ここではLock1という名前で読み取り専用ロックを作成しています。

　読み取り専用ロックが設定されたRG1リソースグループにはリソースを追加することも、既存のリソースを更新することも、そしてリソースグループやリソースグループ内のリソースを削除することもできません。

　リソースロックは、サブスクリプション、リソースグループ、そしてリソースに設定することができます。リソースロックは継承するため、上の層で設定されたロック機能は下の層にも影響が及びます。たとえば、サブスクリプションに削除ロックを設定すると、サブスクリプション内のすべてのリソースグループ、そしてすべてのリソースが削除できなくなります。

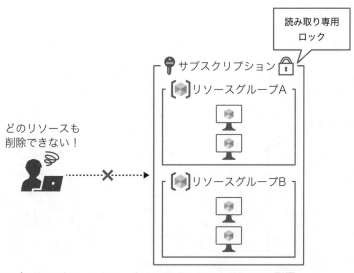

図6.4：サブスクリプションをロックするとすべてのリソースに影響

リソースロックは、サブスクリプション、リソースグループ、リソースに設定できます。

　リソースロックは、同じスコープに最大20個まで作成できます。たとえば、すでに読み取り専用ロックが設定されているRG1リソースグループに、追加でロックを追加することができます。読み取り専用ロックと削除ロックの双方が設定されている場合は、より制限の厳しい読み取り専用ロックが適用されます。そして読み取り専用ロックが削除されると、残っている削除ロックが働きます。

図6.5：複数のリソースロック

　ロックは管理者に対しても働くため、リソースに対して削除などの操作が必要な場合は、すべてのリソースロックを削除してください。

リソースロックは、同じスコープ（サブスクリプション、リソースグループ、リソース）に最大20個まで追加できます。

6.1.2 Azure Policy

　Azure Policyは、ITガバナンスを実現するためのサービスの1つで、Azure内に存在するリソースを組織のルールに準拠するように強制し、準拠していないリソースがある場合はそれを警告します。Azure Policyを使用すると、たとえば組織に次のようなルールを適用することができます。

- 日本国内のリージョンにのみリソースの作成を限定する
- 仮想マシンの作成を特定のサイズに限定する
- タグを設定しないリソースの作成を許可しない

　たとえば、日本の企業が海外のリージョンにリソースを保有しており、何らかの問題があり裁判になったとします。Azureはリソースがある現地の法律が適用されるため、日本の法律ではなく、海外の法律が適用されてしまいます。そのような事態を防ぐため、Azureのリソースを日本国外のリージョンに作成することを禁止している組織が多くあります。しかし作業するユーザーのうっかりミスなどで、日本国外のリージョンにリソースが誤って作成されてしまうかもしれません。そこでAzure Policyの「許可されている場所」ポリシーを使用して、指定したリージョン以外にリソースを作成できないように強制することができます。

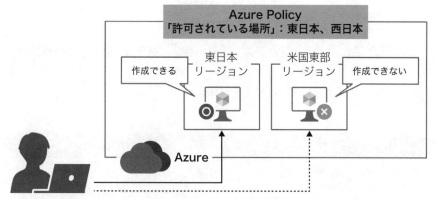

図6.6：日本国外にリソースすることをAzure Policyで制限している場合

　Azure Policyを構成する際の主な要素は、次のとおりです。

■ スコープ

　Azure Policyは、管理グループ、サブスクリプション、リソースグループ、そして個々のリソースに割り当てることができます。上の層に割り当てたポリシーは、下の層に継承します。

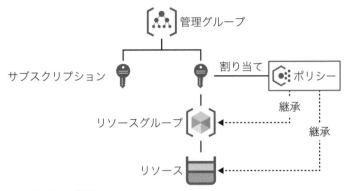

図6.7：Azure Policyの継承

　たとえば、Azure Policyをサブスクリプションに割り当てると、そのポリシーはサブスクリプション内のすべてのリソースグループ、そしてリソースグループ内のすべてのリソースに適用されます（図6.7）。

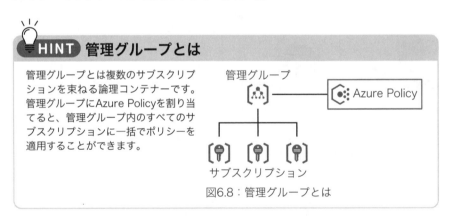

HINT 管理グループとは

管理グループとは複数のサブスクリプションを束ねる論理コンテナーです。管理グループにAzure Policyを割り当てると、管理グループ内のすべてのサブスクリプションに一括でポリシーを適用することができます。

管理グループ

Azure Policy

サブスクリプション

図6.8：管理グループとは

■ポリシー定義

　ポリシー定義とはポリシーの設定ファイルのことで、組み込みでさまざまなポリシー定義が用意されています。ポリシー定義をサブスクリプションやリソースグループに割り当てることで、Azureの環境にさまざまなルールを構成できます。

サブスクリプション

ポリシー定義　——　割り当て　——▶

図6.9：ポリシー定義の割り当て

　たとえば、前述した「許可されている場所」ポリシーは、指定したリージョン以外にリソースの作成を禁止するポリシー定義です。ポリシー定義はJSONで定義されていて、必要に応じて自分で作成したり、カスタマイズすることが可能です。

> 💡 **HINT** **JSON（JavaScript Object Notation）**
>
> JSONは、データの交換を行うためのテキストベースのフォーマットです。人が読み書きしやすい形式で記述されているのが特徴です。Microsoft AzureだけでなくX（旧Twitter）やSlackなど多くのサービスで利用されています。

　作成したポリシー定義のことを「カスタムポリシー定義」と呼びます。またAzure Policyを割り当てる際に、「イニシアチブ定義」を使用することもできます。イニシアチブ定義とは、複数のポリシー定義がまとめられたもので、イニシアチブ定義をサブスクリプションなどに割り当てると、複数のポリシーをまとめて適用できます。

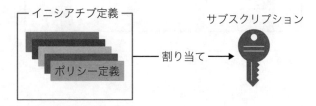

図6.10：イニシアチブ定義の割り当て

　たとえば、「ISO 27001：2013」という組み込みのイニシアチブ定義があります。これには、460個のポリシー定義が組み込まれており、サブスクリプションなどに割り当てると、サブスクリプション内にあるリソースの構成が国際規格である「ISO 27001（情報管理システムのセキュリティ強化）」に準拠しているかどうかが評価され、その結果を確認できます。Azureリソースの構成がきちんと国際規格に準拠しているということが証明されれば、取引先からの信用も得やすくなる可能性があります。

　Azure Policyが、提供する機能は次のとおりです。

■ リアルタイムのポリシーの評価と強制

　Azure Policyを割り当てると、指定したルールが強制され、管理者であったと

してもルールに違反してリソースを作成することが制限されます。またAzure Policyは、存在するリソースがポリシーにどれくらい準拠しているかを継続的に評価し、その結果をポリシーの［概要］ページで確認することができます。たとえば、準拠していないリソースが組織内でどれくらいあるか、などの情報を確認することができます（図6.11）。

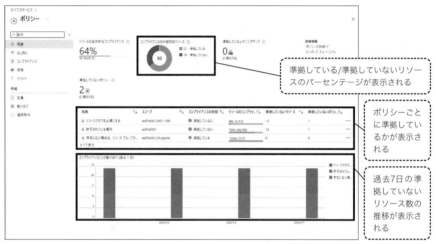

準拠している/準拠していないリソースのパーセンテージが表示される

ポリシーごとに準拠しているかが表示される

過去7日の準拠していないリソース数の推移が表示される

図6.11：Azure Policyの［概要］画面

 ここが
ポイント

Azure Policyを割り当てると、Azureのリソースを会社が定めたルールに準拠させることができます。また現在のリソースがポリシーに準拠しているかを継続的に評価し、その結果をAzure Policyの［概要］ページで確認することができます。

Azure Policyが評価されるのは、次のイベント、またはタイミングです。

・リソースが、ポリシー割り当てのスコープ内で作成、削除、または更新された時
・ポリシー定義またはイニシアチブ定義がスコープに新たに割り当てられた時
・スコープに割り当てられているポリシー定義またはイニシアチブ定義が更新された時
・標準コンプライアンス評価サイクル（24時間ごとに実行）

ここが
ポイント

Azure Policyが評価されるタイミングは、ポリシースコープ内でリソースが作成された場合やポリシー定義やイニシアチブ定義が新たに割り当てられた時などです。また、標準コンプライアンス評価サイクル（24時間ごと）のタイミングでも評価が行われます。評価のタイミングを覚えておきましょう。

■ 準拠していないリソースを修復する

自動修復機能をサポートしている一部のポリシーは、修復タスクを通して準拠していないリソースを準拠状態にすることができます。たとえば、作成するリソースには必ずプロジェクト名が記述されているタグをセットしなければならないという社内的なルールがあるとします。このような場合に、「リソースでタグを必須にする」ポリシーを使用すると、タグなしでのリソースの作成を拒否することができます。しかし、ポリシーを適用する前に作成した多くのリソースについては、後からタグの適用を行うのは大変です。このような場合、「存在しない場合は、リソースグループからタグを継承する」ポリシーを使用すると、タグをセットしていないリソースに対して修復機能が働き、自動的にリソースグループのタグと同じタグを割り当てることができるため、既存のリソースについても速やかに組織のルールに準拠させることができます（図6.12）。

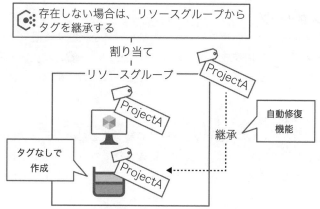

図6.12：Azure Policyの自動修復機能

ここが
ポイント

Azure Policyの修復タスクを通して、ポリシーに準拠していないリソースを準拠状態にすることができます。

6.1.3 Azure Blueprints

　Blueprintは「青写真」や「設計図」という意味で、Azure Blueprintsを使用すると、Azureの環境を必要な要素が組み込まれた状態で、効率よく迅速に構築することができます。定義されたAzure Blueprintsをサブスクリプションに割り当てると、作業担当者に割り当てる管理者権限、組織のルールを強制するAzure Policyがセットされた状態で、Azureのリソースを展開することができます。

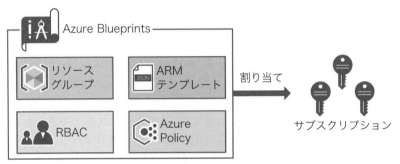

図6.13：Azure Blueprintsとは

　Azure Blueprintsは、次の要素で構成されています。

■ リソースグループ

　リソースグループは、仮想マシンなどのリソースを格納する器で、リソースは必ずリソースグループに作成しなければなりません。一般的にリソースグループは、部署ごとやプロジェクトごとなど、管理要件に応じて作成します。

■ ARMテンプレート

　ARMテンプレートは、Azureのリソースを展開するためのテンプレートファイルです。ARMテンプレートは、JSONで定義されており、仮想ネットワーク、仮想マシン、ストレージなど、さまざまなリソースをまとめて作成できます。

■ RBAC（Role Based Access Control：ロールベースのアクセス制御）

　RBACとは、Azureの環境などに管理者権限を割り当てるための仕組みです。RBACの仕組みを利用して、サブスクリプション全体、または特定のリソースグループや特定のリソースに管理者権限を設定することができます。権限を割り当てるにはユーザーやグループにロール（役割）を割り当てます。組み込みでさま

ざまなパターンのロールが用意されているため、必要な権限のみがセットされているロールを割り当てることができます。

> ### 💡HINT **RBACによる権限の割り当てについて**
>
> Azureの環境に管理者権限を割り当てるには、RBACの仕組みを利用します。RBACを使用することで、ユーザーに対して適切な範囲の権限を付与し、適切な場所だけを利用できるようにすることができます。RBACで管理者権限を割り当てる際に構成する要素は次のとおりです。
>
> ・権限を割り当てるユーザーまたはグループ
> ・ロール
>   ロールには、管理者が実行できる操作が定義されており、組み込みでさまざまなロールが用意されています。代表的な組み込みのロールとして、「所有者」ロール、「閲覧者」ロール、「ネットワーク共同作成者」ロールなどがあります。たとえば、所有者ロールはすべての操作が許可されていますが、それをユーザーに割り当てると、そのユーザーはすべてのリソースを管理するための操作が許可されます。また、ネットワーク共同作成者ロールはネットワーク分野のサービスに対する管理操作が許可されており、ユーザーに割り当てると、ネットワーク分野（仮想ネットワークやロードバランサーなど）のリソースを管理できるようになります。
> ・スコープ（権限の割り当て範囲）
>   RBACのスコープとして、管理グループ、サブスクリプション、リソースグループ、リソースが指定できます。たとえば、リソースグループをスコープとして所有者ロールをユーザーに割り当てると、そのユーザーはそのリソースグループ内のリソースに対してのみ所有者の権限を実行することができます。
>
>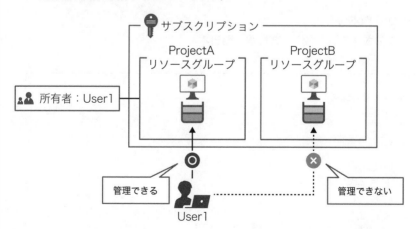
>
> 図6.14：RBAC（リソースグループに所有者ロールを割り当てている場合）

■ Azure Policy

Azure内に存在するリソースを組織のルールに準拠するように強制し、準拠していないリソースがある場合はそれを警告します。

Azure Blueprintsでは、前述した4つの項目を定義し、それをサブスクリプションに割り当てると、管理者権限とAzure Policyが割り当てられた状態でリソースグループとリソースが展開されます。たとえば、Azure Blueprintsを使用して、次のような定義を行うことができます。

● リソースグループ
　・LabRG

● ARMテンプレート：CreateLab.json
　・仮想ネットワーク：TestVNet1
　・仮想マシン：TestVM1（サイズ:Standard B2s）
　・ストレージアカウント：testlabstorage20230501

● RBAC
　・所有者ロール：LabTestGroup

● Azure Policy
　・許可されている場所：東日本、西日本

図6.15：Azure Blueprintsの作成画面

　作成したAzure Blueprintsを複数のサブスクリプションに割り当てると、同じ構成のAzureの環境を迅速かつ正確に作成できます。要件に合わせて、さまざまなパターンをひな形として作っておくことで、Azureの環境を作る場合の作業を効率化できます。またひな形を作成しておくことで、設定ミスなどを防ぐこともできます。

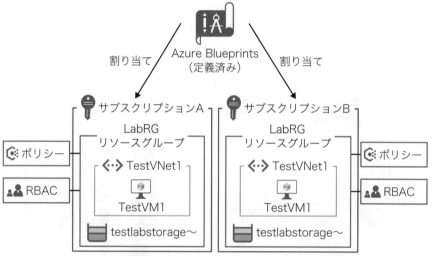

図6.16：複数のサブスクリプションのAzure Blueprintsを割り当てる

ポイント

定義済みのAzure Blueprintsを複数のサブスクリプションに割り当てると、同じ構成のAzureリソースを大規模展開できます。

6.1.4　Microsoft Purviewユニファイドデータガバナンスソリューション

　組織にはさまざまなデータ資産があり、経営においてデータの取り扱いはとても重要となっています。この章の冒頭で、「ガバナンス（governance）とは、「統治」や「支配」を意味する言葉で、Azureのリソースも組織のルールに沿った状態で運用することが重要です。」と説明しました。組織にあるデータ資産にもガバナンスが必要で、組織にあるデータ資産の品質やセキュリティを担保し、あらゆるデータを管理することは重要です。

　Microsoft Purviewは、組織のデータ資産のガバナンス、保護、管理を支援する包括的な統合（ユニファイド）データガバナンスソリューションを提供します。Microsoft Purviewは、Azure PurviewとMicrosoft 365 のコンプライアンス対策を1つのブランドに統合したもので、オンプレミス、マルチクラウド、SaaSのデータ管理と、ガバナンスに役立ちます。これにより、従来のソリューションよりもシンプルな方法で、組織に存在するさまざまなデータ資産の管理、データの保管場所を問わない保護、リスクとコンプライアンスへの体制強化を実現できます。

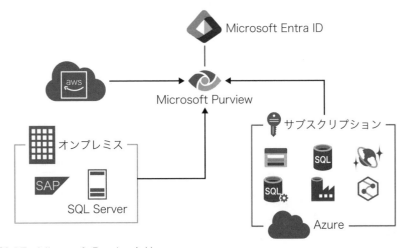

図6.17：Microsoft Purviewとは

　Microsoft Purviewを使用すると、Azure内のデータ資産はもちろん、オンプレミスやAzure以外のクラウドのデータ資産も、管理することができます。Microsoft Purviewガバナンスポータルでは、次のことができます。

■ データ資産全体にわたるデータのマップを作成

　Data Mapとは、データ検出とデータガバナンスの基盤で、すべてのデータ資産とその関連を表示してくれます。組織のさまざまな場所にあるデータを登録してスキャンすることで、1つのポータルで組織の保護すべき資産を確認することができます。また、組み込みおよびカスタムの分類システムを使用して、データを分類できます。また分類には、Microsoft Purview Information Protectionの秘密度ラベルも使用できます。

図6.18：Microsoft Purviewで追加されたソース　図6.19：登録可能なソース

HINT Microsoft Purview Data Mapで使用可能なデータソース

Microsoft Purview Data Mapで使用可能な主なデータソースは、次のとおりです。

Azureストレージアカウント（BLOB、Files）、Azure Cosmos DB、Azure Data Lake Storage、Azure SQL Database、Amazon RDS、Amazon S3、SAP HANA、SAP Business Warehouse、Salesforceなど

参照：マイクロソフト技術ドキュメント 「サポートされているデータソースとファイルの種類」
https://learn.microsoft.com/ja-jp/azure/purview/microsoft-purview-connector-overview

■ データを簡単に検出できるようにする

Data Catalogは、ビジネス用語集、分類、秘密度などをもとに簡単な検索を可能にします。また、ビジネス用語集などのデータ収集機能や、データ資産への自動タグ付け機能も提供されます。データリネージ（履歴）の視覚的な追跡も可能です。

図6.20：Microsoft Purviewでデータソースの検索が可能

■ 機密データを俯瞰して確認

　Data Insightsは、管理者に対してデータの詳細を報告する機能です。たとえば、頻繁にアクセスされているデータはどれか、どれが機密データでどこにあるのか、そしてデータがどのように移動されているかなどを一目で把握できるようにした機能です。

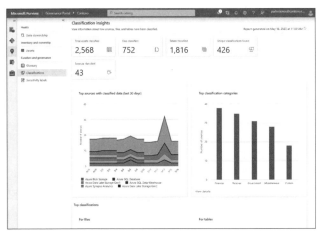

図6.21：Data Insights

　Microsoft Purviewでデータガバナンスを実現すると、Azure、オンプレミス、Azure以外のクラウド、SaaSに分散しているさまざまなデータの品質やセキュリティを担保し、組織でデータ資産を利活用することができます。

6.1.5 Azure向けのMicrosoftクラウド導入フレームワーク

クラウド導入フレームワーク（Cloud Adoption Frame：CAF）とは、クラウドで成功を収めるために必要な戦略作成、実装、支援することを目的とした実証済みのガイダンスで、マイクロソフトもAzure向けのCAFを提供しています。近年、爆発的なクラウドの普及に伴い、さまざまなものが変化しています。たとえば次のようなものです。

- 市場そのもの
- 市場の変化に伴うビジネスの手法
- クラウドサービスや開発手法
- セキュリティ対策

しかし、このように多くのものが目まぐるしく変化する中で、どのようなサービスを使用して、どのような考え方でクラウドサービスを運用し、セキュリティ対策を行っていくかを判断していくのは容易なことではありません。

そして、これらは別々のタイミングで計画、実装するものではなく、同時に行っていかなければならず、そして多くの部門のメンバーが横断的に協力し、推進していかなければなりません。

そこで、Azure向けのMicrosoftクラウド導入フレームワークでは、クラウドアーキテクト、ITプロフェッショナル、ビジネス上の意思決定者など組織のさまざまなメンバーがクラウドで成功を収める上で必要となる、実践的なガイダンス（ドキュメント）やツール群を提供しています。CAFで提供されているガイダンスには、既にクラウド化を進めているマイクロソフト、パートナー企業、そして顧客からのクラウド導入のベストプラクティスがまとめられています。

ここが
ポイント

> Azureのマイクロソフトクラウド導入フレームワークでは、既にクラウド化を進めているマイクロソフト、パートナー企業、そして顧客からのクラウド導入のベストプラクティスがまとめられています。

CAFは、クラウド導入の計画、実装、運用などのステージごとにガイダンス、ツールが提供されており、これにより必要なタイミングで適切なガイダンスにア

クセスできるようになっています。各ステージは、次のようになっています。

図6.22：クラウド導入フレームワークの各ステージ

ステージ1：戦略

　戦略フェーズでは、組織内のさまざまな利害関係者間で、なぜクラウドサービスを導入するのか、それに伴いどのようなメリットがあるのかということを6つのポイントで話し合います（財政面やサステナビリティなど）。そして、さまざまな立場から、クラウドを導入することで得られるビジネスの成果に関する情報を収集します。そのためのテンプレートなどが提供されています。

ステージ2：計画（プラン）

　計画を立てるためには、現状を把握する必要があります。たとえば、組織内に現在、何台のサーバー、デバイス、アプリなどがあるかといったインベントリ情報の収集を行います。そして、それらのうち何を廃止して、クラウドに移行するかといった計画を立てます。そして、次のようなツールを使用して、クラウドに移行した場合のコストなどを算出し予測を立てます。

・Azure Migrate
　　各種サーバーをAzureに移行することを想定した評価を行うことができます。
・総保有コスト計算ツール
　　組織内の各種アプリをAzureに移行することで、実現できるコスト節約額を算出します。

・Azure料金計算ツール

　使用する可能性のあるAzureリソースについて、想定される月間稼働時間などを指定してコストの概算を算出することができます。

ステージ3：準備完了（Ready）

　準備完了フェーズで重要なのは、「ランディングゾーン」に対する理解です。ランディングゾーンは、クラウドアプリを建物として考えた場合、それを建築するための土地のようなものです。建物を建てる場合、地盤改良や電気、水道の工事、通信回線の整備などが必要です。それと同様にクラウドサービスにおいてもアプリを利用するには、ID登録、アクセス許可の設定、セキュリティやガバナンス対策、ネットワーク構成など、さまざまな設定が必要です。クラウドサービスの場合、これらの設定は、「サブスクリプション」として提供されます。つまり、サブスクリプション単位に必要なサービスを構成し、サービスに合わせたセキュリティやガバナンス対策を行います。

　たとえば、オンプレミスで運用していた各種サーバーをAzureに移行するために利用するサブスクリプション、開発したアプリをテストしたりするためのサブスクリプションなどを用意し、サブスクリプションごとに適切な設定を行います。これらのランディングゾーンに対する理解を深めるためのドキュメントが用意されています。

HINT Azureランディングゾーンとは

Azureランディングゾーンとは、拡張性、セキュリティ、ガバナンス、ネットワーク、ID管理を構成するマルチサブスクリプションのAzure環境です。

ステージ4：移行

　オンプレミスに存在する各種サービスをクラウドに移行します。

　移行するためには、オンプレミスのサービスを評価し、クラウドにサービスをデプロイし、リリースするという3つのフェーズが発生します。これらの3つのフェーズを実行するにあたり役立つドキュメントやツールが用意されています。

ステージ5：イノベーション

　イノベーションでは、クラウドサービスを導入したことで顧客のどのようなニーズに応えることができるかなどの、顧客のニーズについて仮説を立て、それ

に合ったアプリケーション開発を行います。そして顧客からのフィードバックを収集し、ビジネスとして正しい方向に向かっているのかを確認します。イノベーションでは、このフェーズを実現するために有効なドキュメントやツールが用意されています。

ステージ6：管理、ガバナンス、セキュリティ

この3つについては、どの順番で確認してもよいものです。

管理では、クラウドで利用する各種サービスの重要度や影響について調べます。サービスの中にはミッションクリティカルなもの、影響度がそれほど大きくないものなど、さまざまなものがあります。これらの重要度を調査し、ビジネスを継続するために必要な機能や設定を検討します。

ガバナンスでは、組織内のリソースが企業ポリシーに準拠した状態で適切に運用する必要があります。

そのため、クラウドサービスおよびそこで扱われるデータなどのビジネス上のリスクを調査し、それらを軽減するためのポリシーを導入します。そしてポリシー違反となったものは、検出され修正が行われるようにします。

セキュリティは、Azureリソースで発生する可能性のあるさまざまなリスクを想定して計画を行います。

この時、ゼロトラストの原則に従って適切なセキュリティ設定を行うために必要なドキュメントなどが提供されます。

Azure向けのMicrosoftクラウド導入フレームワークは、戦略の定義、計画、準備完了（Ready）、移行、イノベーション、ガバナンス、管理、セキュリティのフェーズで構成されています。

練習問題

問題 **6-1**

複数のリソースを含むAzureサブスクリプションがあります。コンプライアンスを評価し、既存のリソースの標準を適用する必要があります。何を使うべきですか。

A. Azure Blueprints
B. Microsoft Sentinel
C. Azure Policy
D. Anomaly Detectorサービス

問題 **6-2**

次のステートメントについて、ステートメントが正しい場合は「はい」を選択し、それ以外の場合は「いいえ」を選択してください。

① Azure Policyは、自動修復をサポートします。
② Azure PolicyでのCompliance評価は、対象となるリソースが作成された時、または変更された時にのみ行われます。
③ Azure Policyを使用すると、新しいリソースが企業標準に準拠しているかどうかを評価できます。

問題 **6-3**

Azure Blueprintsで定義できる要素で正しいものをすべて選択してください。

A. RBAC
B. 管理グループ
C. Azure Policy
D. ARMテンプレート
E. PowerShellスクリプト
F. リソースグループ
G. Azure Firewall

問題 6-4

Azureサブスクリプションで新しいリソースを作成するときは、再現性を確保する必要があります。何を使うべきですか？

A. Azureバッチ
B. Azure Blueprints
C. Microsoft Sentinel
D. Azure Policy

問題 6-5

次のステートメントについて、正しければ「はい」を選択し、そうでない場合は「いいえ」を選択してください。

① Azureサブスクリプションに、リソースロックを設定できます。
② リソースロックは、リソースに対して1つだけ作成できます。
③ リソースロックが適用されたリソースが入っているリソースグループを削除できます。

問題 6-6

複数のサブスクリプション間で、一貫した方法でAzureリソースをプロビジョニングするために何を使用できますか。

A. Microsoft Defender for Cloud
B. Azure Policy
C. Microsoft Sentinel
D. Azure Blueprints

練習問題の解答と解説

問題 6-1 **正解** C
参照 6.1.2 Azure Policy

コンプライアンスを評価し、既存のリソースの標準を適用するには、Azure Policyを使用します。

問題 6-2 **正解** 以下を参照
参照 6.1.2 Azure Policy

①はい

Azure Policyは自動修復をサポートしています。

②いいえ

Azure PolicyのCompliance評価は、次のタイミングで行われます。

・リソースがポリシー割り当てのスコープ内で作成、更新、削除される

・ポリシー定義またはイニシアチブ定義がスコープに新たに割り当てられる

・ポリシー定義またはイニシアチブ定義が更新される

・標準のコンプライアンス評価サイクルで、24時間ごとに実行される

したがって、対象となるリソースが作成された時、または変更された時にのみ行われるというのは誤りです。

③はい

Azure Policyを構成すると、作成されているAzureのリソースがPolicyに準拠しているかが評価され、結果を確認することができます。

問題 6-3 **正解** A、C、D、F
参照 6.1.3 Azure Blueprints

Azure Blueprintsで定義できる要素は、リソースグループ、ARMテンプレート、RBAC、Azure Policyです。

問題 6-4 **正解** B
参照 6.1.3 Azure Blueprints

Azure Blueprintsを使用すると、同じ構成のAzureのリソースを展開できます。

問題 6-5 **正解** 以下を参照
参照 6.1.1 リソースロック

①はい

リソースロックは、サブスクリプション、リソースグループ、リソースに作成できます。

②いいえ

リソースロックは、1つのスコープあたり最大20個まで作成できます。

③いいえ

リソースにロックを適用すると、リソースグループもロックがかかり削除できなくなります。

問題 6-6 **正解** D  参照 6.1.3　Azure Blueprints

Azure Blueprints定義でパッケージ化し、複数のサブスクリプションに適用すると、同じ構成のAzureのリソースを大規模展開できます。

模擬問題

ここまで学習してきた内容をもとに、最後の総仕上げとして模擬問題にチャレンジしましょう。
試験を受ける前に、各章の練習問題と、本模擬問題をすべて解けるようにしておくことをお勧めします。

- 問題数　45問
- 制限時間　45分
- 目標　70%（32問）

※本試験の問題数は、模擬問題の問題数と異なることがあります。

模擬問題は2回分ありますが、第1回分だけ本書に掲載しています。
第2回目につきましてはWebからダウンロードしてご利用ください。

模擬問題を解く前に

　本章では、本試験を想定した模擬試験の問題演習を行います。ここまで学習した内容をしっかり復習した上でチャレンジしてみてください。

　試験に合格するために、必ず以下の問題をすべて解くようにしてください。

練習問題

・各章の章末に用意されている問題

模擬問題

・本章の模擬問題第1回

Web問題

・Webで提供されている模擬問題第2回およびボーナス問題

　これらをすべてチャレンジし、間違えてしまった箇所は必ず復習するようにし、最終的に90%以上の正解率になったら本試験に臨んでください。

　本模擬問題は、以下に記載した制限時間内で解けるようにしてください。

- 問題数：45問
- 制限時間：45分

　また、本模擬問題では実際の試験を想定し、次のような分類および割合で問題を構成しています。

スキル	割合
セキュリティ、コンプライアンスおよびIDの概念を説明する	10〜15%
Microsoft Entraの機能について説明する	25〜30%
Microsoftセキュリティソリューションの機能を説明する	35〜40%
Microsoftコンプライアンスソリューションの機能を説明する	20〜25%

表模擬問題.1：スキルと割合（2023年11月現在）

この情報は、以下のサイトから確認することができます。

試験SC-900: Microsoftセキュリティ、コンプライアンス、IDの基礎の学習ガイド
https://learn.microsoft.com/ja-jp/certifications/resources/study-guides/sc-900

　試験で出題されるスキルや割合は変更される場合があるため、常に最新の情報を確認するようにしてください。

模擬問題第1回

問題 1-1

Azure Firewallで保護できるものは何ですか。正しいものを2つ選択してください。

A. Azure ADユーザー
B. Exchange Onlineの受信トレイ
C. Azure仮想マシン
D. SharePointサイト
E. Azure仮想ネットワーク

問題 1-2

コアeDiscovery（電子情報開示）においてコンテンツを検索する前に行っておくことは何ですか。

A. 弁護士/依頼人の特権の検出を構成します。
B. 高速分析を実行します。
C. 結果をエクスポートしダウンロードします。
D. 保留リストを作成します。

問題 1-3

次のステートメントを完成させてください。
取り出したデータが保存したデータと同じであることを保証することは、[　]の維持の一例です。

A. 可用性
B. 機密性
C. 整合性
D. 透明性

問題 1-4

Azure Active Directory（Microsoft Entra ID）のセキュリティの既定値群を有効にすると、自動的に適用されるものは何ですか。2つ選択してください。

A. 管理者にはMFAが要求されます。
B. 条件付きアクセスポリシーが有効になります。
C. すべてのユーザーがMFAに登録されます。
D. すべてのユーザーのパスワードが保護されます。

問題 1-5

次のステートメントを完成させてください。

Microsoft Sentinelは、[ ] を使用することで、データに対する迅速な洞察を提供します。

A. Azure Logic Apps
B. Azure Monitorブックテンプレート
C. Azure Resource Graphエクスプローラー
D. プレイブック

問題 1-6

次のステートメントを完成させてください。

Microsoft 365 Defenderの [ ] を使用して、同じ攻撃に関連するアラートの集計を表示できます。

A. インシデント
B. ハンティング
C. 攻撃シミュレーター
D. レポート

問題 1-7

次のステートメントについて、正しければ「はい」を選択し、そうでない場合は「いいえ」を選択してください。

① ネットワークセキュリティグループ（NSG）は、インターネットからのインバウンドトラフィックを拒否することができます。
② ネットワークセキュリティグループ（NSG）は、インターネットへのアウトバウンドトラフィックを拒否することができます。
③ ネットワークセキュリティグループ（NSG）は、IPアドレス、プロトコル、ポートに基づいたトラフィックをフィルタリングすることができます。

問題 1-8

グループメンバーシップを評価し、グループのメンバーシップを必要としなくなったユーザーを自動的に削除するために使用できるAzure Active Directory（Microsoft Entra ID）の機能はどれですか。

A. マネージドID
B. アクセスレビュー
C. 条件付きアクセスポリシー
D. Azure AD Identity Protection

問題 1-9

コンプライアンスマネージャーは、どの管理ポータルからアクセスすることができますか。

A. Microsoft 365管理センター
B. Microsoft 365 Defender
C. Microsoft Purviewコンプライアンスポータル
D. Microsoftサポートポータル

問題 1-10

Microsoft Defender for Cloud Appsの3つの用途は何ですか。
それぞれの正解は、完全な解決策を提示します。

A. シャドーITの使用を発見して制御するため

B. Azure仮想マシンへの安全なアクセスを提供するため

C. クラウド内のどこにでもホストされている機密情報を保護するため

D. オンプレミスアプリケーションにパススルー認証を提供するため

E. 非準拠アプリへのデータ漏洩を防止し、規制対象データへのアクセスを制限するため

問題 1-11

マイクロソフトのクラウドサービスにおいて保存時の暗号化に該当するものはどれですか。

A. 暗号化された電子メールの送信

B. 仮想マシンディスクの暗号化

C. 暗号化されたHTTPS接続を使用したWebサイトへのアクセス

D. サイト間VPNを使用した通信の暗号化

問題 1-12

攻撃シミュレーションのトレーニング機能を含むサービスはどれですか。

A. Microsoft Defender for Cloud Apps

B. Microsoft Defender for Identity

C. Microsoft Defender for SQL

D. Microsoft Defender for Office 365

問題 1-13

Active Directoryドメインサービス（AD DS）で作成できるものは何ですか。

A. モバイルデバイス

B. 最新の認証を必要とするサービスとしてのソフトウェア（SaaS）アプリケーション

C. コンピューターアカウント

D. 最新の認証を必要とする基幹業務（LOB）アプリケーション

問題 1-14

あなたは、セキュリティ戦略を実装し、ネットワークインフラストラクチャ全体に複数の防御層を配置することを計画しています。これはどのセキュリティ方法論を表していますか。

A. 脅威のモデル化
B. セキュリティ境界としてのID
C. 多層防御
D. 責任共有モデル

問題 1-15

次のステートメントを完成させてください。

[ ] を、Azure AD（Microsoft Entra ID）のロールに割り当てることができます。

A. 管理グループ
B. リソースグループ
C. セキュリティプリンシパル
D. 管理単位

問題 1-16

Microsoft 365のエンドポイントデータ損失防止（エンドポイントDLP）は、どのオペレーティングシステムで使用できますか。

A. Windows 10以降のみ
B. Windows 10以降およびAndroidのみ
C. Windows 10以降およびmacOSのみ
D. Windows 10以降、AndroidおよびmacOS

問題 **1-17**

特定のキーワードを含むSharePointサイト上のすべてのドキュメントを特定するには、どの機能を使用しますか。

A. コンテンツ検索

B. アイテム保持ポリシー

C. 秘密度ラベル

D. eDiscovery（電子情報開示）

問題 **1-18**

次のステートメントを完成させてください。

[ ] は、マイクロソフトの従業員、パートナー、および顧客からのベストプラクティスを提供します。これには、Azure展開における支援のためのツールとガイダンスが含まれます。

A. AzureのMicrosoftクラウド導入フレームワーク

B. Azure Policy

C. Microsoft Azure

D. リソースロック

問題 **1-19**

Microsoft Defender for Endpointのどの機能が、攻撃面を減らすことによってサイバー脅威に対する防御の最前線を提供しますか。

A. 自動修復

B. 自動調査

C. 高度な狩猟

D. ネットワーク保護

問題 1-20

次のステートメントを完成させてください。

ユーザーがアプリケーションやサービスにアクセスしようとするとき、[ ]は、そのアクセスレベルを制御します。

A. 管理
B. 承認
C. 認証
D. 監査

問題 1-21

次のステートメントを完成させてください。

[ ] を使用すると、マイクロソフトのエンジニアにSharePoint、Exchange Online、OneDriveのデータへのアクセスを許可できます。

A. カスタマーロックボックス
B. Azure AD Privileged Identity Management
C. 情報バリア
D. 条件付きアクセス

問題 1-22

次のステートメントを完成させてください。

[ ] は、Azureサービスを保護するための基本的な推奨事項とガイダンスを提供します。

A. Azure Application Insights
B. Azure Network Watcher
C. Log Analyticsワークスペース
D. Microsoftクラウドセキュリティベンチマーク

問題 1-23

データ保護および管理機関基準に関連するリスクを軽減するアクションの完了に関する組織の進捗状況を測定するスコアはどれですか。

A. Microsoftセキュアスコア
B. 生産性スコア
C. Microsoft Defender for Cloudのセキュアスコア
D. コンプライアンススコア

問題 1-24

次のステートメントについて、正しければ「はい」を選択し、そうでない場合は「いいえ」を選択してください。

① GitHubは、クラウドベースのIDプロバイダーです。
② 中心的なIDプロバイダーは、認証、承認、監査など、すべての先進認証サービスのみを管理します。
③ フェデレーションは複数のサービスプロバイダーとのシングルサインオン（SSO）を提供します。

問題 1-25

次のステートメントについて、正しければ「はい」を選択し、そうでない場合は「いいえ」を選択してください。

① Azure AD B2C（Microsoft Entra B2C）では、外部ユーザーがソーシャルアカウントやエンタープライズアカウントのIDを使用してサインインすることができます。
② Azure AD B2C（Microsoft Entra B2C）には、カスタムブランディングを適用することができます。
③ Azure AD B2C（Microsoft Entra B2C）の外部ユーザーは、Azure AD（Microsoft Entra ID）の組織内のユーザーと同じディレクトリで管理されます。

問題 1-26

コンプライアンススコアアクションのタイプを適切なタスクに一致させてください。

① 暗号化を使用して静止状態のデータを保護します。

A. 修正
B. 検出
C. 予防

② システムを積極的に監視し、リスクとなりうる不規則性を特定します。

A. 修正
B. 検出
C. 予防

問題 1-27

同じIDを複数のAzure仮想マシンに関連付けるには、何を使用する必要がありますか。

A. Azure ADセキュリティグループ
B. システムによって割り当てられたマネージドID
C. ユーザー割り当てのマネージドID
D. Azure ADユーザーアカウント

問題 1-28

Microsoft 365の内部リスク管理のワークフローステップを適切なタスクに一致させます。

	タスク		ステップ
①	アラートの確認とフィルタリング	A	アクション
②	ケースダッシュボードでケースを作成	B	調査
③	コーポレートポリシーのリマインダーをユーザーに送信	C	トリアージ

問題 1-29

次のステートメントについて、正しければ「はい」を選択し、そうでない場合は「いいえ」を選択してください。

① デバイスIDは、Azure AD（Microsoft Entra ID）に保存できます。

② ユーザー割り当てのマネージドIDは、Azureリソースを削除すると、マネージドIDが自動的に削除されます。

③ システムに割り当てられたマネージドIDは、複数のAzureリソースで使用できます。

問題 1-30

次のステートメントを完成させてください。

Windows Hello for Businessでは、認証に使用されるユーザーの生体データは、[　]。

A. ユーザーが指定したデバイスすべてに複製されます。

B. Azure Active Directory（Microsoft Entra ID）に保存されます。

C. ローカルデバイスにのみ保存されます。

D. 外部デバイスに保存されます。

問題 1-31

Microsoft 365でデータ損失防止（DLP）ポリシーを使用して実装できるタスクはどれですか。2つ選択してください。

A. 組織のポリシーに違反するユーザーにポリシーヒントを表示します。

B. エンドポイントのデバイスを暗号化します。

C. 機密情報を含むOneDriveのドキュメントを保護します。

D. セキュリティベースラインをデバイスに適用します。

問題 **1-32**

次のステートメントについて、正しければ「はい」を選択し、そうでない場合は「いいえ」を選択してください。

① 条件付きアクセスポリシーは、シグナルとしてデバイスの状態を使用できます。
② 条件付きアクセスポリシーは、第1要素の認証が終わる前に適用されます。
③ 条件付きアクセスポリシーは、ユーザーが特定のアプリケーションにアクセスを試みた時に多要素認証をトリガーさせることができます。

問題 **1-33**

次のステートメントについて、正しければ「はい」を選択し、そうでない場合は「いいえ」を選択してください。

① Azure AD Identity Protection（Microsoft Entra ID Protection）では、ユーザーがサインインするとリスク検出が生成されます。
② Azure AD Identity Protection（Microsoft Entra ID Protection）では、リスクが検出されると、低・中・高のリスクレベルが割り当てられます。
③ Azure AD Identity Protection（Microsoft Entra ID Protection）では、ユーザーIDもしくはアカウントの侵害が検出されます。

問題 **1-34**

次の各ステートメントについて、正しければ「はい」を、そうでない場合は「いいえ」を選択してください。

① 電子署名をつけるには、秘密キーを使用します。
② 電子署名を検証するには、署名者の秘密キーを使用します。
③ 電子署名を検証するには、署名者の公開キーを使用します。

問題 **1-35**

Azureリソース管理のジャストインタイム（JIT）アクセスを提供するために使用できるAzure Active Directory（Microsoft Entra ID）の機能はどれですか。

A. Azure AD Identity Protection（Microsoft Entra ID Protection）
B. 条件付きアクセス
C. Azure AD Privileged Identity Management（Microsoft Entra Privileged Identity Management）
D. 認証方法ポリシー

問題 **1-36**

従業員の履歴書であるドキュメントを識別するために使用するコンプライアンス機能はどれですか。

A. 事前トレーニング済みの分類子
B. アクティビティエクスプローラー
C. 電子情報開示
D. コンテンツエクスプローラー

問題 **1-37**

あなたの会社では、クラウドサービスの導入を比較検討しています。次の各ステートメントについて、正しければ「はい」を選択し、そうでない場合は「いいえ」を選択します。

① SaaSにおいては、アプリの更新プログラムの適用の責任は顧客が持ちます。
② IaaSにおいては、物理ネットワークの管理責任はクラウドサービス事業者が持ちます。
③ Azureのすべてのリソース展開において、情報やデータのセキュリティについては顧客が責任を持ちます。

問題 **1-38**

次のステートメントを完成させてください。

[　]は、Azureおよびハイブリッドクラウドリソースに対して、クラウドワークロード保護を提供します。

A. Microsoft Defender for Cloud
B. Azure Monitor
C. Azure Security Benchmark
D. Microsoftセキュアスコア

問題 **1-39**

Azureサブスクリプションの全体的なセキュリティの正常性を表示するMicrosoft Defender for Cloudメトリックはどれですか。

A. セキュアスコア
B. リソースの健全性
C. 完了したコントロール
D. 推奨事項のステータス

問題 **1-40**

次のステートメントについて、正しければ「はい」を選択し、そうでない場合は「いいえ」を選択してください。

① Microsoft Defender for Cloudは、Azure Storageの脆弱性と脅威を検出できます。
② Microsoft Defender for Cloudは、Azureまたはオンプレミスに展開されているワークロードのセキュリティを評価できます。
③ クラウドセキュリティ態勢管理（CSPM）は、すべてのAzureサブスクリプションで利用可能です。

問題 **1-41**

Azureの推奨事項を表示するサービスは何ですか。

A. Azure Log Analytics

B. Azure Advisor

C. Azure Monitor

D. サブスクリプション

問題 **1-42**

次の各ステートメントが正しければ「はい」を選択し、そうでない場合は「いいえ」を選択してください。

① Microsoft 365 DefenderのMicrosoftセキュアスコアは、Microsoft Defender for Cloud Appsの推奨事項を提供することができます。

② Microsoft 365 Defenderのポータルから、自分のMicrosoftセキュアスコアと、自分のような組織のスコアとの比較を確認することができます。

③ Microsoft 365 DefenderポータルのMicrosoftセキュアスコアでは、サードパーティのアプリケーションまたはソフトウェアを使用して改善アクションに対処した場合、ポイントが付与されます。

問題 **1-43**

次の各ステートメントが正しい場合は「はい」を、正しくない場合は「いいえ」を選択してください。

① Microsoft Sentinelデータコネクタは、マイクロソフトサービスのみをサポートします。

② Azure Monitorワークブックを使用して、Microsoft Sentinelが収集したデータを監視することができます。

③ ハンティングクエリは、アラートがトリガーされる前にセキュリティ脅威を特定する能力を提供します。

問題 1-44

次のステートメントについて、正しければ「はい」を選択し、そうでない場合は「いいえ」を選択してください。

① 認証は、ファイルの読み書きができるかどうかを識別します。
② 承認は、リソースへのアクセスレベルを識別するために使用されます。
③ 認証は、ユーザーが自分の言うとおりの人物であることを証明することです。

問題 1-45

Microsoft Defender for Office 365の機能を正しい説明と一致させてください。

	説明
①	一般的なサイバーセキュリティの問題に関する情報を提供します。
②	最近の脅威を特定し分析するためのリアルタイムレポートを提供します。
③	なりすましの試みを検出します。

	機能
A	脅威エクスプローラー
B	脅威トラッカー
C	フィッシング対策

模擬問題第1回の解答と解説

問題 1-1 **正解** C、E

参照 4.1.3　Azure Firewall

　Azure Firewallは、仮想ネットワーク内のリソースを保護できます。

問題 1-2 **正解** D
参照 5.5.2　eDiscovery

　コンテンツ検索を行う前に、保留リストを作成しておきます。

問題 1-3 **正解** C
参照 1.3　暗号化と電子署名

　取り出したデータが保存したデータと同じであることを保証することは、整合性および完全性の維持の一例です。

問題 1-4 **正解** A、C
参照 2.3.1　多要素認証

　Azure AD（Microsoft Entra ID）のセキュリティの既定値群を有効にすると、次の設定が行われます。

- すべてのユーザーに対して、Azure AD MFA（Microsoft Entra MFA）への登録を必須にします。
- 管理者に多要素認証の実行を要求します。
- 必要に応じてユーザーに多要素認証の実行を要求します。
- レガシ認証プロトコルをブロックします。
- Azure portalへのアクセスなどの特権が必要な作業を保護します。

問題 1-5 **正解** B
参照 4.3.2　Microsoft Sentinelの機能

　Azure Monitorブックテンプレートを利用すると、収集したログからグラフィカルなテンプレートを使用して、分かりやすいレポートを表示することができます。

問題 1-6 **正解** A
参照 3.5.2　インシデントとアラート

　Microsoft 365 Defenderの［インシデント］ページでは、インシデントに関連するアラートの一覧が表示できます。

問題 1-7 **正解** 以下を参照
参照 4.1.2　ネットワークセキュリティグループ

①はい

　NSGは、受信/送信トラフィックに対するアクセス制御ルールの集合で、IPアド

レス、ポート番号、プロトコルを指定してインバウンド（受信）、アウトバウンド（送信）トラフィックを許可/拒否することができます。なお、NSGの既定の規則では、インターネットからのインバウンドトラフィックはすべて拒否するように構成されています。

②はい

NSGの既定の規則で、インターネットへのアウトバウンドトラフィック（送信）は許可されています。しかし、新しい送信セキュリティ規則を作成することで、インターネットへのアウトバウンドトラフィックを拒否することができます。

③はい

NSGの受信や送信の規則ではIPアドレス、プロトコル、ポートに基づいた条件を作成してトラフィックをフィルタリングすることができます。

問題 1-8 **正解** B

参照 2.5.2　アクセスレビュー

グループやロールのメンバーシップをレビューし、不要なユーザーを削除できるのは、アクセスレビューです。

問題 1-9 **正解** C

参照 5.2.2　コンプライアンスマネージャー

コンプライアンスマネージャーは、Microsoft Purviewコンプライアンスポータルからアクセスできます。

問題 1-10 **正解** A、C、E

参照 3.6　Microsoft Defender for Cloud Apps

Microsoft Defender for Cloud Appsは、非承認のクラウドアプリにアクセスするなどのシャドーITを検出し、準拠していないアプリへのデータ保存を制限します。また、許可されているアプリ内においてデータを保護することができます。

問題 1-11 **正解** B

参照 1.4　Microsoftクラウドにおける暗号化

Azureの仮想マシンは、BitLockerを使用して暗号化することができます。

問題 1-12 **正解** D

参照 3.4.3　Microsoft Defender for Office 365の高度な機能

攻撃シミュレーションのトレーニングを含むのは、Microsoft Defender for Office 365です。

このサービスは、Microsoft Defender for Office 365 Plan2のライセンスに含まれます。

問題 1-13 **正解** C
　　　　　　　　　参照 2.1.2　Active Directoryドメインサービス

　Active Directoryドメインサービスでは、管理対象となるコンピューターをコンピューターアカウントとして登録することができます。

問題 1-14 **正解** C
　　　　　　　　　参照 1.2　セキュリティの概念

　ネットワークインフラストラクチャ全体に複数の防御層を配置するという考え方は多層防御です。

問題 1-15 **正解** C
　参照 2.4.2　Microsoft Entra IDのロールベースのアクセスコントロール

　Azure AD（Microsoft Entra ID）ロールは、セキュリティプリンシパル（ユーザーやグループ）に割り当てることができます。一方、管理単位は一部のユーザーに対する管理権限を割り当てる際に使用します。

問題 1-16 **正解** C
　　　　　　　　　参照 5.3.3　データの損失を防止する

　エンドポイントDLPは、Windows 10以降およびmacOSで利用が可能です。

問題 1-17 **正解** A
　　　　　　　　　参照 5.5.1　コンテンツの検索

　SharePointに含まれる特定のキーワードを持つドキュメントを特定するには、コンテンツ検索を使用します。

問題 1-18 **正解** A
　　　　　　参照 6.1.5　Azure向けのMicrosoftクラウド導入フレームワーク

　Azure向けのMicrosoftクラウド導入フレームワークには、マイクロソフトの従業員、パートナー、顧客からのクラウド導入のベストプラクティスがまとめられています。クラウドの導入作業に役立つ一連のツール、ガイダンス、体験談が提供されます。

問題 1-19 **正解** D
　　　　　　　　　参照 3.5　Microsoft Defender for Endpoint

　攻撃面の縮小の機能の1つとして、ネットワーク保護があります。これは、接続が確立する前にチェックし、信頼性の低いネットワークへの接続はブロックすることができるというものです。

問題 1-20 **正解** B
　　　　　　　　　参照 2.1.1　認証と承認とは

　アプリやサービスなどのリソースにアクセスする時、そのアクセスレベルを制御するのは承認です。

問題 1-21 正解 **A**
参照 5.6.4 カスタマーロックボックス

Microsoft 365テナント内のSharePoint、OneDrive、Exchange Onlineのコンテンツなどにマイクロソフトのエンジニアが組織の承認を得た上でアクセスできるようにするには、カスタマーロックボックスを使用します。

問題 1-22 正解 **D**
参照 4.2.1 Microsoft Defender for Cloud

Azureサービスを保護するための基本的な推奨事項とガイダンスを提供するのは、Microsoftクラウドセキュリティベンチマークです。

問題 1-23 正解 **D**
参照 5.2.2 コンプライアンスマネージャー

コンプライアンススコアは、データ保護および規制基準に関連するリスクを軽減するのに役立つアクションを確認、実装する際の組織の進捗状況を測定します。

問題 1-24 正解 **以下を参照**
参照 2.1.1 認証と承認とは、2.1.3 フェデレーションの概念

①はい

GitHubは、Identity Providerです。

②いいえ

Identity Providerは、先進認証サービスのみを管理しているわけではありません。認証や承認、監査などさまざまな機能を持ちます。

③はい

フェデレーションは、複数のサービスプロバイダーとのシングルサインオン（SSO）を提供します。

問題 1-25 正解 **以下を参照**
参照 2.2.6 Microsoft Entra B2C

①はい

顧客が使用するアカウントは、ソーシャルアカウントや電子メールアドレス、任意のOIDCプロバイダーなど、さまざまなものを使用することができます。

②はい

サインイン画面をカスタマイズするなどカスタムブランディングが可能です。

③いいえ

Azure AD B2C（Microsoft Entra B2C）は、Azure AD（Microsoft Entra ID）とは異なるものです。

問題 1-26 **正解** ①C、②B 　　　　　 参照 5.2.2　コンプライアンスマネージャー

　データの暗号化は予防です。システムアクセス監査の実施は検出です。

問題 1-27 **正解** C 　　　　　参照 2.2.5　サービスプリンシパルとマネージドID

　1つのマネージドIDを複数のAzureリソースに割り当てることができるのは、ユーザー割り当てのマネージドIDです。

問題 1-28 **正解** ①C、②B、③A 　　　　　参照 5.6.1　内部リスクの管理

　解決のためのワークフローは、挙がっているアラートをトリアージして優先度を設定します。次に、調査が必要なものに関しケースを作成して深く調査を行います。調査の結果、関与したユーザーに対してアクションを行います。

	タスク		ステップ	
①	アラートの確認とフィルタリング		C	トリアージ
②	ケースダッシュボードでケースを作成		B	調査
③	コーポレートポリシーのリマインダーをユーザーに送信		A	アクション

問題 1-29 **正解** 以下を参照 　　　　　参照 2.2.5　サービスプリンシパルとマネージドID

①はい

　デバイスIDは、Azure AD（Microsoft Entra ID）にデバイスを登録/参加、Hybrid Azure AD参加（Microsoft Entra Hybrid参加）したときにAzure ADに登録されるデバイスを識別するためのIDです。

②いいえ

　ユーザー割り当てされたマネージドIDは、複数のリソースに紐付けることができます。リソースを削除してもマネージドIDが自動的に削除されることはありません。

③いいえ

　システム割り当てされたマネージドIDは、単一のリソースのみに関連付けられます。

問題 1-30 **正解** C 　　　　　参照 2.3.2　パスワードレス認証

　Windows Hello for Businessで使用される生体データは、ローカルデバイスにのみ保存されます。

問題 1-31 **正解** A、C　　　　　　　　　　　　参照 5.3.3　データの損失を防止する

　データ損失防止ポリシーを利用すると、個人情報などが検出された場合に、電子メールの送信をブロックしたり、ポリシーヒントを表示したり、OneDriveやSharePoint内のドキュメントを暗号化したりすることができます。

問題 1-32 **正解** 以下を参照　　　　　　　　　　　　参照 2.4.1　条件付きアクセス

①はい

条件として、デバイスの状態を使用することができます。

コンプライアンスポリシーに準拠していないデバイスからの接続などを拒否することができます。現在は、［デバイスの状態］という設定は廃止され、［デバイスのフィルター］で、同様の設定を行うことができます。

②いいえ

条件付きアクセスポリシーは、第1要素の認証が完了した後で適用されます。

③はい

条件付きアクセスポリシーは、アプリへのアクセスを許可する際に多要素認証を要求することができます。

問題 1-33 **正解** 以下を参照　　　　　　　　　参照 2.5.3　Microsoft Entra ID Protection

①いいえ

ユーザーがサインインした際、初めての国からのサインインなど疑わしいアクションがあった場合に、リスクが生成されます。

②はい

リスクレベルは、低、中、高の3つのいずれかが割り当てられます。

③はい

Azure AD Identity Protection（Microsoft Entra ID Protection）は、ユーザーIDやアカウントのサインインを監視し、侵害を検出するサービスです。

問題 1-34 **正解** 以下を参照　　　　　　　　　　　参照 1.3　暗号化と電子署名

①はい

電子署名を作成する際は、秘密キーを使用します。

②いいえ

電子署名の整合性を検証するには、公開キーを使用します。

③はい

電子署名を検証するには、公開キーを使用します。

問題 1-35 **正解** C　📝 参照 2.5.1　Microsoft Entra Privileged Identity Management：PIM

　ジャストインタイム（JIT）アクセスを提供するために使用できるAzure AD（Microsoft Entra ID）の機能は、Azure AD Privileged Identity Management（Microsoft Entra Privileged Identity Management）です。

問題 1-36 **正解** A　📝 参照 5.3.1　データを把握する

　トレーニング可能な分類子を利用すると、定型的ではない機密情報（履歴書や事業計画など）を検出できます。トレーニング可能な分類子は、組織で作成し学習をさせて利用する方法と、組み込みで提供されている分類子（事前トレーニング済みの分類子）を利用する方法があります。

問題 1-37 **正解** 以下を参照　📝 参照 1.1　クラウドサービスの共同責任モデル

①いいえ

　SaaSにおいて、アプリの責任はクラウド事業者が持ちます。アプリの更新プログラムの適用についてもクラウド事業者が責任を持ちます。

②はい

　物理ネットワークの管理責任は、クラウドサービス事業者が持ちます。

③はい

　選択したサービスモデルやデプロイ方法に関係なく、情報やデータのセキュリティはユーザー企業側（顧客）が責任を持ちます。

問題 1-38 **正解** A　📝 参照 4.2.1　Microsoft Defender for Cloud

　Microsoft Defender for Cloudは、Azure、Hybridクラウド、マルチクラウドリソースに対して保護を提供します。

問題 1-39 **正解** A　📝 参照 4.2.2　Microsoft Defender for CloudのCSPM

　サブスクリプション全体のセキュリティの正常性を表示するのはセキュアスコアです。

問題 1-40 **正解** 以下を参照　📝 参照 4.2.2　Microsoft Defender for CloudのCSPM

①はい

　Azure Storage用のDefender for Cloudのプランをオンにすると、Microsoft Defender for Storageが有効になり、Azure Storageの脆弱性と脅威を検出できます。

②はい

Microsoft Defender for Cloudの有償版（CWP）を有効にすると、Azureまたはオンプレミスに展開されているワークロードのセキュリティを評価できます。

③はい

Microsoft Defender for Cloudの有料版を使用していなくても、クラウドセキュリティ体制管理（CSPM）は利用可能で、すべてのAzureサブスクリプションが対象です。

問題 1-41 **正解** B  参照 4.2.4　Azure Advisor

Azure Advisorは、5つのカテゴリの項目を改善するためのアドバイス（推奨事項）を表示してくれるサービスです。

問題 1-42 **正解** 以下を参照  参照 3.2　Microsoft 365 Defenderポータル

①はい

Microsoft Defender for Cloud Appsの推奨事項はセキュアスコアに表示されます。

②はい

自社と類似の組織のスコアを比較できます。

③はい

サードパーティのアプリやサービスについても推奨事項が表示され、対応するとポイントが付与されます。

問題 1-43 **正解** 以下を参照 参照 4.3.2　Microsoft Sentinelの機能

①いいえ

Microsoft Sentinelに用意されているコネクタは、マイクロソフトだけではなくネットワーク製品やAWSやGoogle、Facebookなどさまざまなものが用意されています。

②はい

Microsoft Sentinelのブックを使用すると収集したデータをグラフィカルに表示し監視することができます。

③はい

ハンティングクエリでは、インシデントとして検出されなかった問題のあるログなどを検出することができます。

問題 1-44 **正解** 以下を参照  参照 2.1.1 認証と承認とは

①いいえ

リソースへのアクセスができるかどうかを識別するのは承認です。

②はい

承認は、リソースへのアクセス許可があるかを確認するプロセスです。

③はい

認証は、自分が組織に登録された正しいユーザーであることを証明するプロセスです。

問題 1-45 **正解** ①B、②A、③C 参照 3.4.3 Microsoft Defender for Office 365の高度な機能

脅威トラッカーは、組織に影響を与える可能性のあるサイバーセキュリティの問題に対して情報を提供するサービスです。脅威エクスプローラーは、最近組織内で起こった脅威を特定し分析を行うことができます。

フィッシング対策ポリシーを構成することで、なりすましを検出します。

	説明
①	一般的なサイバーセキュリティの問題に関する情報を提供します。
②	最近の脅威を特定し分析するためのリアルタイムレポートを提供します。
③	なりすましの試みを検出します。

	機能
B	脅威トラッカー
A	脅威エクスプローラー
C	フィッシング対策

索引

著者紹介

甲田 章子（こうだ あきこ）

マイクロソフト認定トレーナー（MCT）として、数多くの研修コースの開発や実施、書籍の執筆を担当。特にMicrosoft 365においては、そのサービス開始時から、マイクロソフト社の依頼で、パートナー向けトレーニングの作成と実施に従事してきた第一人者である。そのわかりやすさと深い知識、丁寧な対応に定評があり、研修の依頼が後を絶たない人気講師である。大の犬好きで、ダルメシアン（1頭）とチワワ（4頭）の多頭飼いをしている。休日は犬と一緒に遠出をしてリフレッシュしている。

●認定・受賞
MCT（Microsoft Certified Trainer）
Microsoft 365 認定 Enterprise Administrator Expert
Microsoft 365 認定 Modern Desktop Administrator Associate
マイクロソフト トレーナー アワード新人賞（2008年）
マイクロソフト MVP（Most Valuable Professional）受賞（2014〜2018年）
Windows Insider MVP受賞（2016年〜2021年）
Microsoft Top Partner Engineer Award「Modern Work」受賞（2023年）

田島 静（たじま しずか）

マイクロソフト認定トレーナー（MCT）として、Azure、Microsoft 365、Dynamics 365など、数多くの研修コースの開発や実施、書籍の執筆を担当。外資系企業でサーバー構築、運用管理に従事した経験を持ち、豊富な経験に裏打ちされた実践的なインストラクションは、常に顧客から高い評価を得ている。趣味はガーデニングで、玄関周りの色とりどりの花に癒されている（ただし日々の水遣りは夫が担当）。

●認定
MCT（Microsoft Certified Trainer）
Microsoft Certified Azure Solution Architect Expert
Microsoft Certified Azure Security Engineer Associate

エディフィストラーニング株式会社

1997年に、株式会社野村総合研究所（NRI）の情報技術本部から独立し、IT教育専門会社の「NRIラーニングネットワーク株式会社」として設立。2009年に「エディフィストラーニング株式会社」と社名変更。2021年よりコムチュア株式会社のグループに参画し、システムインテグレーションサービスに不可欠な教育研修のノウハウを事業とし、ITベンダートレーニングやシステム上流工程トレーニングにも力を入れている。
Microsoft 研修においては、Windows NTのころから25年以上の実績があり、Microsoft Azure、Microsoft 365、Power Platform、Active Directoryなど、オンプレミスからクラウドまで幅広くトレーニングを行っている。講師の質の高さが有名で、顧客企業からの評価は元より、マイクロソフト社などベンダーからの信頼も厚く、多くのアワードも受賞している。

装丁・本文デザイン／ハヤカワデザイン 早川いくを

DTP／株式会社明昌堂

エムシーピー
MCP教科書 マイクロソフト セキュリティ コンプライアンス アンド アイデンティティ ファンダメンタルズ
MCP教科書 Microsoft Security, Compliance, and Identity Fundamentals
エスシー
（試験番号：SC-900）

2024年 1 月16日　初版第1刷発行

著者	こうだ あきこ たじま しずか 甲田 章子、田島 静	
発行人	佐々木 幹夫	
発行所	株式会社 翔泳社（https://www.shoeisha.co.jp）	
印刷	昭和情報プロセス 株式会社	
製本	株式会社 国宝社	

ISBN978-4-7981-8242-1
Printed in Japan